THE DINOSAUR ENCYCLOPEDIA

恐龙大百科

［英］麦克·本顿 著

张庆彬 译

时代出版传媒股份有限公司

安徽科学技术出版社

［皖］版贸登记号：12211995

图书在版编目(CIP)数据

恐龙大百科 /（英）麦克·本顿著；张庆彬译. --合肥:安徽科学技术出版社,2022.2
ISBN 978-7-5337-8532-1

Ⅰ.①恐… Ⅱ.①麦…②张… Ⅲ.①恐龙-普及读物 Ⅳ.①Q915.864-49

中国版本图书馆 CIP 数据核字(2021)第 224692 号

First published 2009 by Kingfisher an imprint of
Pan Macmillan
This edition published 2021
Copyright © Macmillan Children's Books 2021

KONGLONG DA BAIKE
恐 龙 大 百 科

［英］麦克·本顿 著

张庆彬 译

出 版 人：丁凌云　选题策划：陈芳芳　程羽君　责任编辑：聂媛媛　程羽君
责任校对：程　苗　责任印制：廖小青　　　　封面设计：武　迪
出版发行：时代出版传媒股份有限公司　http://www.press-mart.com
　　　　　安徽科学技术出版社　　　　　　http://www.ahstp.net
　　　　　（合肥市政务文化新区翡翠路 1118 号出版传媒广场,邮编:230071）
　　　　　电话：(0551)63533382
印　　制：安徽新华印刷股份有限公司　　　电话：(0551)65859178
（如发现印装质量问题,影响阅读,请与印刷厂商联系调换）

开本：889×1194　1/16　　印张：9.75　　　字数：200 千
版次：2022 年 2 月第 1 版　　2022 年 2 月第 1 次印刷

ISBN 978-7-5337-8532-1　　　　　　　　　　定价：98.00 元

THE DINOSAUR ENCYCLOPEDIA

拥有了这本书，
你可以探索恐龙和史前动物曾经漫游的世界。

在这本书里，你能穿越到每个史前时代，
从第一个恐龙时代到巨型海洋动物时代，
从大规模灭绝到早期哺乳动物诞生。

你会因为这本书解开一大堆关于恐龙的谜题，
比如，生物学家通过什么技术来研究恐龙？
恐龙是什么颜色的？
恐龙有哪些行为习惯……

本书以最新的研究成果为基础，
配以3D技术还原的精致插图和珍贵的照片，
把宏伟的史前恐龙、
鸟类和早期哺乳动物生活的世界在你面前重现！

目录

早期的恐龙

　　早期的恐龙体形较小，和人类差不多大。它们依靠后腿行走奔跑，以爬行动物及其他小型动物为食。恐龙生活的世界，其主导者是现代鳄鱼家族的远亲。三叠纪末期，因为运气和机缘巧合，这些庞然大物才得以统治地球。

史前图景

地球上最早的恐龙出现在约2.3亿年前的三叠纪晚期。刚出现时，恐龙体形小，数量少，且与其他许多动物共同统治地球。

体形从大到小

三叠纪中期，有一些很神秘的野兽生活在阿根廷地区。

恐齿龙兽的体形和河马一样大，庞大的身躯使它们免于遭受早期恐龙的袭击。

啮颌兽是一种食肉动物，体形较小，但这样的体形也足够让它们追捕早期的恐龙。

原鳄龙科的查尼亚尔龙有着类似鳄鱼的外形，它们以鱼为食，属于两栖动物。

小型奇尼瓜齿兽属以昆虫为食，不过这种生物或已遭到马拉鳄龙的捕食。

南美洲出土的大量化石表明，三叠纪的生态系统具有多样性，那时的地球上生活有多种多样的动植物。

马拉鳄龙

在马拉鳄龙的第一批骨骼化石出土50多年后，人类才发现了完整的马拉鳄龙骨架。马拉鳄龙体形很小，身长仅40厘米，但它长着一口如针般尖利的牙齿。它如同一个身形矫健的狩猎者，喜欢捕食小型的蜥蜴类动物。

兔蜥属

兔蜥属动物的身形和鸡相似，但它们比鸡瘦小得多。这些小型爬行动物是恐龙的近亲。它们的腿又长又细，踮着脚，站得高高的，就像现在的鸟一样，有时它们也和鸟一样，腿紧紧地蜷在身体下。

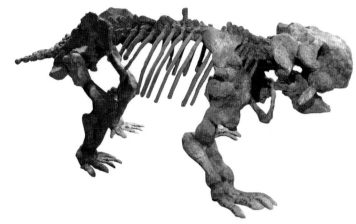

恐齿龙兽

恐齿龙兽是哺乳动物远古时期的远亲，它长着一对长长的獠牙，既有威慑力又可用于觅食。它的鼻子前端长着角质喙，能够帮助它撕碎坚韧的植物。恐齿龙兽吃的食物不易被消化，需要容量较大的消化道，因而它体形巨大，身形较圆。

坚实的骨架

这是一具恐齿龙兽的骨架，从中我们可以看出，恐齿龙兽的四肢非常粗壮，像柱子一样，支撑着它1吨多重的身躯。它的四肢微微外翻，所以恐齿龙兽的奔跑速度可能不快。

三叠纪的古生物学

阿尔弗雷德·罗默（Alfred R omer，1894—1973）是一位伟大的美国古生物学家（化石专家），他曾在南美洲发现许多著名的三叠纪生物。在20世纪50年代的探险中，他和他的团队发现了多达20个新物种。

啮颌兽

这种体形中等的啮颌兽和真正的哺乳动物的关系又近了一步。和南美洲出土的其他动物化石相比，其化石出土数量乏善可陈。头骨有20厘米长。

恐龙谷

位于阿根廷北部的伊斯基瓜拉斯托山谷是我们了解早期恐龙的关键地区。那里气候炎热干燥，但却是化石勘探者的天堂。

阿根廷的古生物学

曾有一些备受尊敬的古生物学家在伊斯基瓜拉斯托山谷进行调研。

奥斯瓦尔多·雷格（Osavaldo Reig, 1929—1992）是第一个在伊斯基瓜拉斯托山谷中发现恐龙化石的人。

约瑟·波拿巴（José Bonaparte, 1928— ）曾和其他队员一起在伊斯基瓜拉斯托山谷寻找化石。

保罗·塞雷诺（Paul Sereno, 1957— ）发现了最完整的恐龙化石。

第一批化石发现于20世纪50年代。从那以后，越来越多的人来到伊斯基瓜拉斯托山谷探险，许多引人注目的早期恐龙化石由此得到了发掘。

化石发现

伊斯基瓜拉斯托山谷的天气如火灼般酷热，在这种条件下挖掘骨骼化石，需要花费很长时间。这些骨骼化石通常零零散散，非常易碎，并且被坚硬的岩石包裹，古生物学家必须极其细致地凿掉岩石，用胶水和石膏对骨骼化石进行修整，以便运回实验室研究。

地表

人们将发掘出的骨骼化石放置于布上，然后逐个打包送往博物馆。20世纪20年代以来，发掘活动就在这座山谷中进行着。在过去的50年中，人们在这里挖掘出了成千上万的骨骼化石。伊斯基瓜拉斯托山谷现已成为一处世界遗产地。

伊斯基瓜拉斯托组岩层

伊斯基瓜拉斯托山谷的砂岩被称为伊斯基瓜拉斯托组岩层。附近的一座火山喷发以后，这里的化石层下面形成了一些火山灰层，根据这些火山灰层，专家们测定这里的岩层序列已有2.28亿年的历史了。

最早的恐龙

埃雷拉龙是已知在阿根廷的伊斯基瓜拉斯托组岩层（三叠纪晚期）中发现的最早的恐龙。它身长3～6米，是一种食肉动物。人们已在阿根廷的伊斯基瓜拉斯托组岩层中发现了埃雷拉龙的几具骨骼。

埃雷拉龙的眼窝和鼻孔之间有一个神秘的洞孔，所有恐龙及其近亲都拥有这一特征。这个洞孔很可能是鼻窦生长的地方，有了它，埃雷拉龙或许可以更好地控制体温吧！

狩猎型恐龙只是把猎物简单撕碎，然后将其整个吞下。它们用胃磨碎猎物的肉，用分泌的胃酸溶解猎物的部分骨头。

敏捷的狩猎者

埃雷拉龙是一个敏捷的狩猎者。它以伊斯基瓜拉斯托时期的小型爬行动物为食，这些动物中有些和蜥蜴或兔子差不多大。埃雷拉龙比它的猎物跑得更快，头部细长，牙齿像锯齿，都是其狩猎的优势。

髋部和后肢

　　埃雷拉龙和马拉鳄龙看起来很像，只是埃雷拉龙的体形要比马拉鳄龙大得多。我们之所以认为埃雷拉龙是恐龙，就是因为其髋骨的存在。埃雷拉龙大腿骨窝是张开的，这是恐龙家族演化出来的特征。而马拉鳄龙的这一部位结构更像古代的爬行动物。

马拉鳄龙

埃雷拉龙

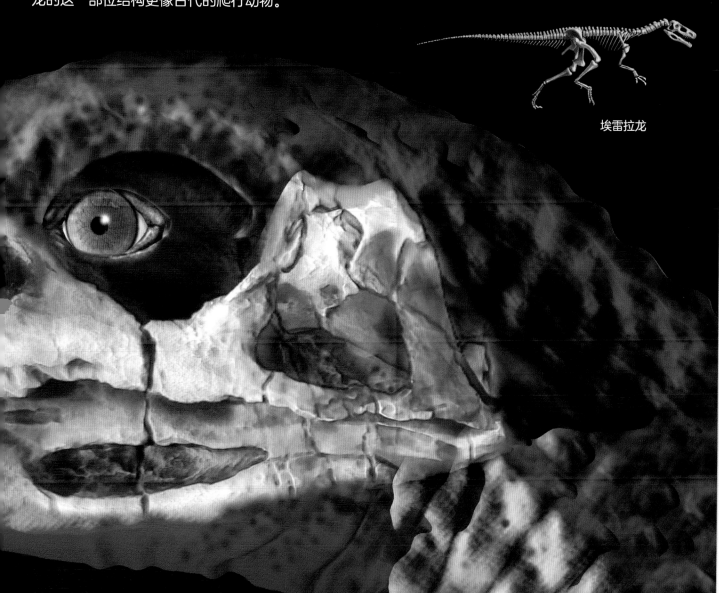

头骨内部

　　埃雷拉龙的头骨上有几处洞孔。鼻子前部的一对孔是鼻孔；最后面的两个上下排列的孔用于附着颌骨肌肉。这些肌肉从脸颊一直延伸到下颌，使得埃雷拉龙有非常强大的咬合力，足够让它咬断猎物的爪子；前面的孔则是它圆圆的眼窝。

伊斯基瓜拉斯托组岩层

许多古生物学家曾在阿根廷进行岩石勘探，以搜寻恐龙和其他动物的化石。

在此过程中，人们仅发现了几具伊斯基瓜拉斯托恐龙的骨骼，那就是埃雷拉龙和始盗龙。其他动物的骨骼倒是有很多。

"黎明猎人"

始盗龙一词原意为"黎明猎人"，这种长约1米的小动物能在灌木丛和树林里快速穿梭，捕食蜥蜴大小的猎物。始盗龙的牙齿有多种结构，这说明它们不怎么挑食，说不定也吃植物。

始盗龙的头骨化石

这块始盗龙的头骨化石非常精美，保存得近乎完整。从图中我们可以看到，一位化石标本制作人员正小心翼翼地从这块古老的岩石中将最后几块骨骼化石分离出来。

始盗龙的体形大小和一个八岁的孩子差不多。

异平齿龙

异平齿龙是这一地区最常见的爬行动物之一，属于喙头龙。喙头龙都是食草动物，它们长着巨大的嘴巴和锋利的牙齿，可以用来撕碎坚韧的蕨类植物。异平齿龙长着钩状鼻子，可用于耙取植物的根茎。

植物化石

喙头龙和二齿兽以蕨类和种子蕨类植物为食，这些植物在伊斯基瓜拉斯托时期十分常见。但没过多久，随着气候变得愈加干燥，这些植物在世界上的大部分地区消失了。

叉蕨化石（上图）
和叉蕨树（右图）

皮萨诺龙

目前，人们只认识几具皮萨诺龙的骨骼。最新研究表明，皮萨诺龙应属于恐龙家族的近亲，或是鸟臀目较早的种类。

伊斯基瓜拉斯托兽

这一时期，另一些主要的食草动物是二齿兽，其中包括伊斯基瓜拉斯托兽和恐齿龙兽（见第3页），它们的体形与巨型河马差不多。这些大型爬行动物行动缓慢，以灌木丛里的枝叶为食，但它们庞大的身躯让食肉恐龙都望而生畏。

历史知识

恐龙的命名

恐龙的骨骼化石最早被发现时，没有人知道它们是什么。有人认为这些骨头是巨型蜥蜴的，还有人说它们是鳄鱼的。1841年，理查德·欧文（Richard Owen，1804—1892）在研究了所有的化石后，才意识到它们来自一个已经灭绝的群体。他想出了"恐龙"这个名字，意为"可怕的巨大爬行动物"。后来，在1881年，他为建造伦敦自然历史博物馆（上图）而奔走，这一博物馆正是用来陈列包括恐龙化石在内的自然标本的。

不断变化的世界

二叠纪晚期见证了陆地动物的巨大变化。两次灭绝事件为幸存者提供了新的生存机会。

第一次大灭绝又叫卡尼期洪积事件，或许有利于我们追踪恐龙的多样化发展，因为在那之前，恐龙都是三叠纪生态系统的少数群体。

卡尼期洪积事件

这次物种灭绝事件发生在2.32亿～2.34亿年前。这一时期，频繁的火山活动导致气候变暖，降雨量持续增加，地球上的动物种类因此发生剧变。诸如二齿兽（右上图）等常见的食草动物遭受重创，而鳄鱼的祖先和首批哺乳动物开始出现。与此同时，恐龙成为陆地的霸主，开始称霸世界。

植物进化

卡尼期洪积事件也改变了植物的生态系统。一些现代针叶树和蕨科植物开始进化。这一时期，潮湿的气候条件促使现代针叶树产生了更多的树液，最终形成了大量琥珀和树液化石。

树脂石化形成琥珀。

泛大洋

劳亚古陆

特提斯海

冈瓦纳古陆

卡尼期的世界

　　三叠纪时期，各大陆浑然一体，形成了一个从北极延伸到南极的超级大陆。这块超级大陆由各个分离的大陆汇聚而成，直到三叠纪末期，它才开始慢慢分裂。

这个超级大陆被称为泛大陆，由南部的冈瓦纳古陆和北部的劳亚古陆构成。

足迹证据

　　在化石遗址中发现的不同类型的足迹，反映出恐龙种类的多样化进程。卡尼期洪积事件之前的化石上，只有鳄踝初龙一种动物的足迹。洪积时期，突然涌现出大量恐龙足迹。洪积之后，鳄踝初龙的足迹越来越罕见，留下的几乎都是恐龙的足迹。

阿尔卑斯山脉著名的足迹遗址显示了从鳄踝初龙为主的动物群到以恐龙为主的动物群之间的变化。

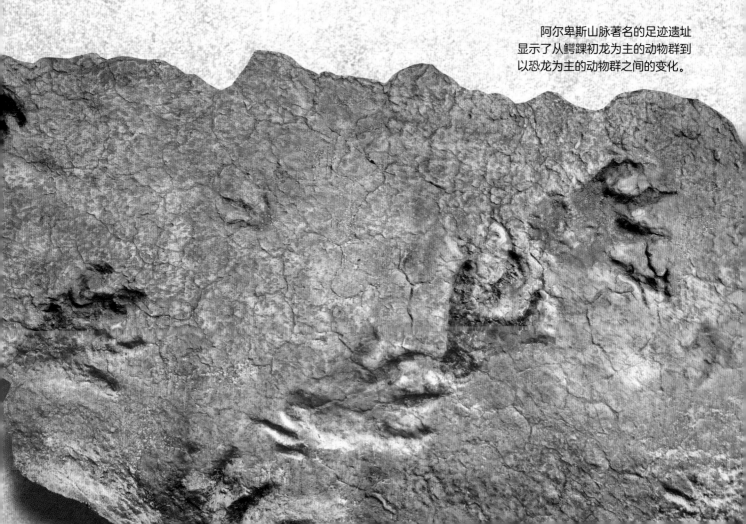

板龙

板龙生活在三叠纪晚期的德国，是一种最早的大型食草恐龙。如果食物充足，板龙的躯体可以长成很大。

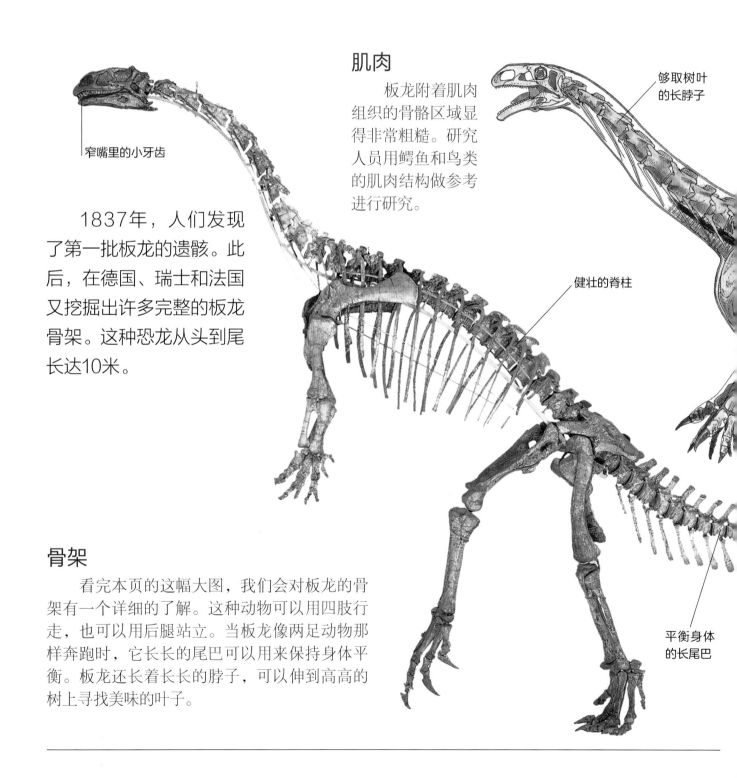

肌肉

板龙附着肌肉组织的骨骼区域显得非常粗糙。研究人员用鳄鱼和鸟类的肌肉结构做参考进行研究。

窄嘴里的小牙齿

够取树叶的长脖子

1837年，人们发现了第一批板龙的遗骸。此后，在德国、瑞士和法国又挖掘出许多完整的板龙骨架。这种恐龙从头到尾长达10米。

健壮的脊柱

平衡身体的长尾巴

骨架

看完本页的这幅大图，我们会对板龙的骨架有一个详细的了解。这种动物可以用四肢行走，也可以用后腿站立。当板龙像两足动物那样奔跑时，它长长的尾巴可以用来保持身体平衡。板龙还长着长长的脖子，可以伸到高高的树上寻找美味的叶子。

真实面貌

我们很难完全复原板龙的真实面貌。我们不知道它的肤色，但我们知道它皮肤的纹理。许多化石上都有恐龙皮肤的鳞片留下的印记。

嘴部和爪子

板龙是早期的食草恐龙之一。它的嘴部很窄，下颌关节下垂，沿着下颌线咬合得很紧。板龙的牙齿很小，不像食肉恐龙的牙齿那么锋利。它的前肢也是为了吃植物而生的。长长的爪子和坚硬的趾部用来采集树枝并把它们送到嘴巴里。

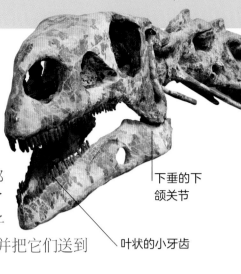

下垂的下颌关节

叶状的小牙齿

尚不明确的肤色

肺

支撑恐龙双足行走的强壮肌肉

化石上的皮肤纹理

用于抓取植物根茎的巨大钩状爪子

巨大的肠胃有助于消化所有吃进肚子的植物

特罗辛根骨层

人们在德国特罗辛根有了最著名的板龙考古发现，此次发现揭开了一个群体的神秘面纱，这一群体包含至少50只板龙。科学家们对这一群体的死因困惑了很久。

它们是在荒凉的沙漠中长途跋涉而死于饥饿和干渴？还是被一场突如其来的洪水卷走，溺亡于此？在现代，人们通过研究岩石，发现这些恐龙的化石来自冲积平原的泥岩。

首次挖掘

人们在特罗辛根进行过多次大型挖掘活动。20世纪20年代，弗雷德里克·冯·休尼（Friedrich von Huene，1875—1969）指挥着一支庞大的工人队伍，将这里的半个山坡都挖开了。他们把挖出的岩石用小卡车运走，将珍贵的骨头送往图宾根市附近的冯·休尼大学博物馆。

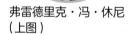

弗雷德里克·冯·休尼（上图）

参与冯·休尼发掘活动的工人（右图）

现代挖掘

　　人们时不时就能挖掘到新的板龙遗骸，最著名的一次是2007年在瑞士弗里克，人们发现了一个巨大的恐龙骨床。许多完整的板龙骨骼已经被发掘出来了，但据估计，可能还有100多具恐龙骨骼深埋于此。

板龙是怎么行走和奔跑的？

　　恐龙是怎么行走和奔跑的呢？古生物学家通过扫描恐龙的骨头，并对每个关节的活动范围进行编码，来制作计算机模型。最新研究表明，板龙是靠两足行走的，即靠后肢。之前所说的四足行走不准确，因为前肢太短，活动能力很受限。

在沙地中死亡

　　人们发现，很多板龙的骨骼化石都是呈站立状态的，脚和腿深陷泥石中。这充分说明了这些板龙曾被困在厚厚的泥石层中。对于体形较大的板龙来说，这是致命的，但较小的板龙还可以脱身。被发现的板龙似乎死于不同时期，因为有些化石是在高高的冲积平原上被发现的。

科学家们通过绘制板龙的关节图，创建了一个3D计算机模型，以此来展示恐龙是如何行走和奔跑的。

幽灵牧场大洪水

947年，人们在新墨西哥州的古斯特农场发现了一具十分壮观的恐龙骨床。100多具小型食肉腔骨龙的骨架在此被发掘出来。

这里发生了什么？

研究发现，这块巨大的"坟场"有很多骨架，这些骨架是被水流冲过来进而被泥土掩埋的。或许骨架的主人死于干旱，或被洪水淹死，然后冲走的。

腔骨龙体形小，猎食主要靠敏锐的视觉。

化石发现

在古斯特农场出土的动物化石中，腔骨龙占95%。根据骨架，人们可以区分年老和年幼的腔骨龙。其中有一个著名的腔骨龙标本，它的胃里有一只"小腔骨龙"。2006年的一项研究表明，这只"小腔骨龙"实际上是一条小鳄鱼。

埃德温·科尔伯特

这张照片中最右侧的埃德温·科尔伯特（Edwin H Colbert）（1905—2001）是美国非常著名的恐龙古生物学家之一。他最初在纽约市的美国自然历史博物馆研究哺乳动物的化石，自此开启了他的职业生涯。在参与了1947年古斯特农场的遗址发掘行动之后，科尔伯特转而研究恐龙，后来写了许多关于恐龙和大陆漂移的书。这些图书发行之后，非常畅销。

恐龙关系图

这张恐龙生命树状图向我们展示了恐龙群体之间的关系，以及每一个群体出现的时间。地球上存在的恐龙大约有2000种，不过目前只发现了大约一半。

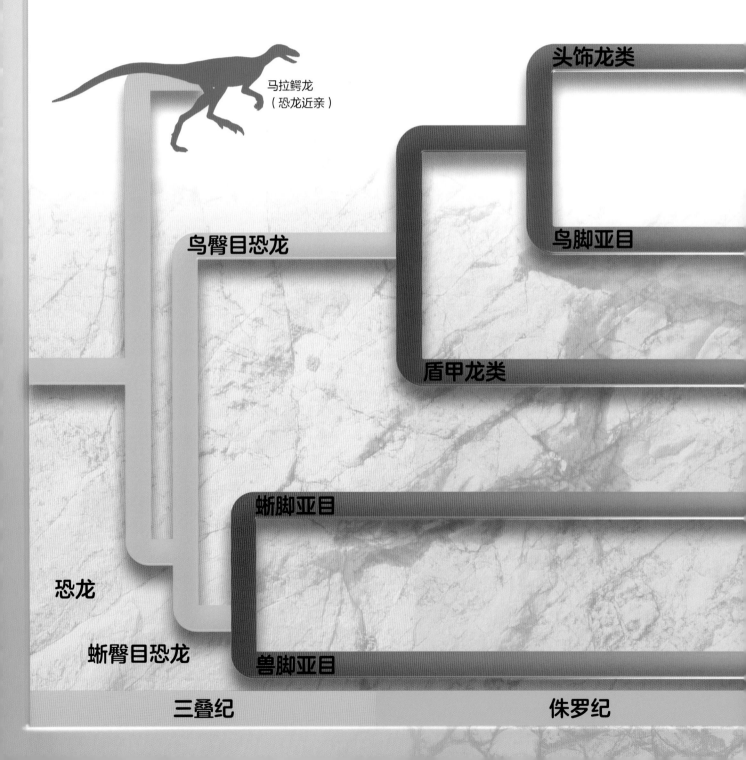

马拉鳄龙
（恐龙近亲）

头饰龙类

鸟臀目恐龙

鸟脚亚目

盾甲龙类

蜥脚亚目

恐龙

蜥臀目恐龙

兽脚亚目

三叠纪

侏罗纪

三角龙

腱龙

剑龙

梁龙

霸王龙

白垩纪

主要种类

    根据髋骨结构的差异，恐龙通常分为两大类，而最近一种新的树状图展示了一种截然不同的分类方式。这种分类方式能否在未来的研究中得到证实，时间会告诉我们答案。

鸟臀目恐龙的骨盆结构

鸟臀目恐龙的髋骨结构中，耻骨不是朝前的，而是向后的，与坐骨平行。大约在2.3亿年前的三叠纪晚期，鸟臀目恐龙和蜥臀目恐龙分离，成为两个独立的恐龙种类。鸟臀目恐龙包括头饰龙类（有角和厚实的头骨）、鸟脚亚目（无装甲双足食草动物）和盾甲龙类（装甲甲龙和剑龙）。

蜥臀目恐龙的骨盆结构

恐龙总类分为蜥臀目恐龙和鸟臀目恐龙，这是由古生物学家哈利·丝莱（Harry Seeley）在1887年提出的。蜥臀目恐龙包括兽脚亚目恐龙和蜥脚亚目恐龙，它们都有一组指向三个方向的髋骨——耻骨向前，坐骨朝后，髂骨在上。鳄鱼、蜥蜴和海龟等爬行动物同样拥有这种髋骨排列方式。据说，最早的爬行动物的骨盆都是这样的结构。

布里斯托洞穴

英国西南部的古代洞穴中有一些来自三叠纪晚期的化石，这些化石让人十分震惊。

骨头和洞穴

这些骨骼属于曾经生活在石灰岩地面上的恐龙和原始蜥蜴。

恐龙在这块石灰岩地面上生老病死。

它们的尸体被雨水冲入洞穴，粉身碎骨。

骨骼埋入土壤，数百万年后才被发现。

这些动物生活在山区石灰岩地面上，这里经常受到雨水的侵蚀。经过了几个世纪，雨水把这里冲刷出许多裂缝、沟壑和洞穴，形成了石灰岩地貌。

槽齿龙

人们在布里斯托附近发现了槽齿龙，这是一种早期的食草恐龙。它体形较小，用后肢行走，用前肢采集植物。它的牙齿又小又细，方便咬断植物的茎叶。

布里斯托动物群

与槽齿龙（上图上方）生活在一起的是一群类似蜥蜴的动物，其中一种属于格洛斯特蜥属（上图下方）。这些并不是真正的蜥蜴，而是新西兰大蜥蜴的亲戚——一种生活在洞穴里的小型爬行动物。

孔耐蜥身长大约70厘米，"翅膀"宽14厘米。

孔耐蜥

孔耐蜥是一种生活在三叠纪晚期的布里斯托尔的奇特生物，它是一种滑翔动物。孔耐蜥长长的肋骨从身体两侧伸展出来，肋骨上包着皮肤。它可以在树林间来回跳跃、滑行。

化石发现

第一批布里斯托尔兽类的化石——槽齿龙的骨骼化石于1834年被人们发现。这批化石就藏在布里斯托尔的一个石灰岩采石场里。此后，数百具骨骼被发掘出来，但这些骨骼都是非常小的动物遗留下来的，这些动物小到能掉进裂缝和洞穴里。

岩石中的发现

在开凿巨型石灰岩壁的过程中，采石工们偶尔会发现一种红色的岩石纹路（右图）。这些红色的岩石是古老洞穴里的沙子或泥浆沉积形成的，里面有植物和少量昆虫。在开凿过程中，时常能发现一些小动物的骨骼，如格洛斯特蜥蜴和它的近亲，还有可以滑翔的孔耐蜥。古生物学家必须仔细筛选这些沉积物，然后非常小心地挑出极易碎的骨骼，必要时要用到牙钻。

恐龙称霸世界

经历三叠纪的两次灭绝之后，恐龙的数量有所增加。在三叠纪的大部分时间里，恐龙并不是陆地动物的主角。而到了三叠纪末期，恐龙的许多竞争对手从地球上消失了，意味着恐龙可以发展壮大了。

三叠纪末期的大灭绝

这次大灭绝发生在两亿年前，这一时期，不仅陆地上的爬行动物和恐龙受到了影响，海洋中的许多贝类和鱼类以及陆地上的植物和其他动物都消失了。这一大规模灭绝事件的起因可能是陨石撞击地球，也可能是全球变暖。

许多海洋爬行动物，如长尾龙，在三叠纪末期灭绝了。

幸存者

在三叠纪的大部分时间里，幸存的祖龙占据了主导地位，制约了恐龙的发展。不过，只有一个种群——原鳄属（上图）成功存活到了侏罗纪。其他拟鳄亚目是什么时候灭绝的并无确切论断，因为有些可能在三叠纪-侏罗纪灭绝事件之前就已经灭绝了。

翼龙，如真双齿翼龙，在中生代繁衍生息。

全新的边界

世界上许多地方都有三叠纪过渡到侏罗纪留下的痕迹。在欧洲，我们可以看到这一时期发生的变化：红色的岩石沉积在炽热的沙漠中，湖泊、河流里出现了海洋岩石。欧洲海面的一场大洪水过后，有些地方的红色沙漠岩石变成了黑色海洋岩石，并留下了明显的边界线。

曼尼古根陨石坑

20世纪80年代，人们在加拿大发现了一个直径约100千米的巨型陨石坑，这让人无比激动。通过陨石坑的第一批卫星照片，科学家们看到了一个非常清晰的圆形轮廓，这个圆形轮廓现已被河流、湖泊填满。最初，人们推测这个陨石坑是三叠纪向侏罗纪过渡时形成的，但根据我们现在的了解，这个陨石坑可以追溯到2.15亿年前，有着更为古老的历史。

全球变暖

受到大洋运动的影响，北大西洋发生了几次大型火山喷发。欧洲大陆和北美洲大陆本是一体的，火山喷发导致地壳出现了巨大的裂缝。火山喷发的气体进入大气层。地球一度变暖，很多科学家认为，这就是大灭绝的主要原因之一。

恐龙知识

二叠纪的开始和结束都伴随着物种大灭绝。这一时期，地球上至少一半的物种都消失了。6500万年前，又发生了一次大规模的恐龙灭绝。地球上的生命一共经历过五次危机，这只是其中的三次。

五次大灭绝

这张图（右图）向我们展示了地球上生命的发展历程。在35亿年前的前寒武纪，海洋里最早的生命诞生了。后来，在5.4亿年前的古生代初期，海洋生物变得越来越多，它们的体形也越来越大。大约在4.5亿年前，陆地上出现了植物和昆虫，然后在4亿年前，地球上出现了第一批水陆两栖动物。前两次大灭绝给海洋生物带来了巨大的影响。后来，在古生代末期出现的第三次灭绝事件给所有生物都带来了巨大的危机。第四次和第五次大灭绝终结了三叠纪（见第22~23页）和白垩纪。

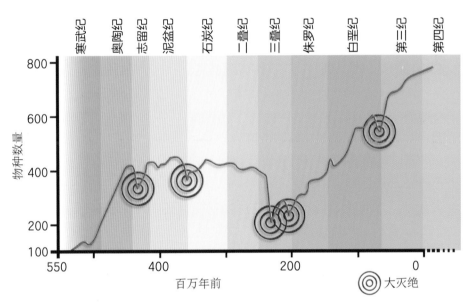

百万年前

◎ 大灭绝

1947年，人们在古斯特农场发现了一具腔骨龙骨架，被发现时它胃里还保存着生前吃的最后一餐——某种鳄鱼的祖先。

关于地质年代和大灭绝的网站

http://www.ucmp.berkeley.edu/exhibits/index.php　生命发展史指南

http://www.cotf.edu/ete/modules/msese/earthsysflr/geotime.html　穿越时间

http://paleobiology.si.edu/geotime/main/　地质年代表

http://www.pbs.org/wgbh/nova/evolution/brief-history-life.html　地球生命发展史

多种多样的恐龙

　　三叠纪的生物大灭绝事件让恐龙的多数竞争对手都从地球上消失了，恐龙家族因此得以探索新的生存方式，开始在侏罗纪繁荣发展起来。盔甲恐龙等新的种群得以出现，天空也首次出现了鸟类的身影。

南非的恐龙

三叠纪晚期的生物大灭绝事件使恐龙的主要竞争对手都从地球上消失了。很多之前数量稀少的种群，如鸟臀目恐龙，在侏罗纪获得了增长。

据说，最早的鸟臀目恐龙化石来自南非的埃利奥特组岩层和克莱伦斯组岩层。这些岩层因出土大量三叠纪之后的生物化石而闻名，且在此人们不断有惊人的发现。

莱索托龙

莱索托龙是埃利奥特组岩层中较小的恐龙之一，可能属于早期的鸟臀目恐龙。它牙齿磨损的痕迹和当时半干旱环境的植物不相符。据推测，杂食性可能有助于莱索托龙熬过气候的季节性变化以及食物较少的时期。

似眼睑结构

很多鸟臀目恐龙都有似眼睑结构，这一结构与其他组织相连，帮助其支撑眼球。

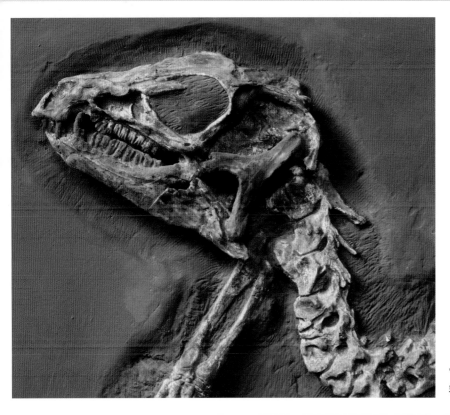

异齿龙

异齿龙长着奇特的牙齿，牙齿形状各异。这一点和多数爬行动物都不同，因为爬行动物的整口牙齿都很相似。它两组长长的尖牙也许可以直接咬断坚硬的植物，靠后的牙齿则有利于将其咬碎。

它的下犬齿又尖又长，它的口鼻侧有一个孔，可以容纳它的下犬齿。

巨椎龙

这种巨型食草恐龙是板龙（见第12~13页）的近亲。它身长4米，体重可能有1000千克。目前，人们已经发现了板龙蛋以及极少量几乎孵化出的幼龙。

这些细小的牙齿可以切断树叶，但不适合磨碎食物。

长长的脖子可以伸到高高的树上。

凯恩塔组岩层

在美国西南部的亚利桑那州，有一个以侏罗纪早期的恐龙化石而闻名的地区。

在炎热干燥的气候条件下，这里的岩石逐渐沉积，沉积过程中保存了数百具恐龙、鳄鱼、哺乳动物和其他生物的骨骼。

凯恩塔组岩层露出地面的部分

凯恩塔组里有些地层厚度可达100米，由红色、橙色和黄色的砂岩以及泥岩构成。红色主要由于铁与氧发生化学反应，使岩石看上去像铁锈一样。

沙丘的特征

有些凯恩塔组砂岩的形成是由于大约两亿年前河流流经干旱之地或绕过沙丘，继而向西，有些最终干涸。想在这一地区存活，对动植物来说都太艰难了。

荒芜之地

如今，凯恩塔组岩层位于亚利桑那州北部的一大片沙漠中。这片沙漠里岩石高耸，犹如荒野的悬崖峭壁。许多西部牛仔片都来这里取景拍摄！现代的风风化了这里的岩石。罕见的暴雨使山谷里的溪流暴涨，这些溪流汹涌着流经乡村，冲刷出巨大的沟壑，使得土壤和植物流失。通常情况下，只有仙人掌等耐旱植物才能在如此干燥的条件下存活。

凯恩塔地区的恐龙

凯恩塔地区的恐龙包括大型食肉动物和盔甲恐龙早期的远亲。

侏罗纪早期的岩石中有许多其他动物的化石，比如鱼类、两栖类、小型哺乳动物的远亲。

双嵴龙足迹

辨别凯恩塔地区的脚印其实很不容易，不过，有些脚印很可能是双嵴龙留下的，也有可能是它的近亲留下的。

腔骨龙

腔骨龙是一种小型猎食恐龙。大部分腔骨龙都生活在三叠纪，不过，人们在凯恩塔地区发现了一只腔骨龙的近亲，它生活在侏罗纪。它的口鼻上方有两条突起。

双嵴龙的牙齿又长又细，咬合力相对较弱。

双嵴龙

双嵴龙是凯恩塔组岩层中最奇特的恐龙，它出土于1942年。当时人们认为这是斑龙（见第48～49页）的遗骸，斑龙生活在侏罗纪中期的英国。随后，人们又发现了另一具双嵴龙骨架，其头部有两条沿着头骨延伸的细骨脊。骨脊的用途尚不明确，人们猜想这些骨脊可能用于向其他双嵴龙发出警戒信号或者求偶信号。

原鳄骨架

原鳄是现代鳄鱼的小型远亲，人们在亚利桑那州侏罗纪早期地层中发现了其骨骼化石。其头骨后部短而宽，给负责咬合的肌肉提供了更多活动的空间。眼睛略偏向前，更有利于判断距离，很可能靠猎食陆地动物为生。

原鳄

原鳄的身长只有大约1米，但它的背上长满了骨板。这些骨板在它进行陆地上活动时可能可以支撑身体。

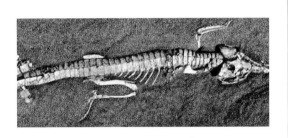

坎普和威尔斯

查尔斯·坎普（Charles Camp，1893—1975）和山姆·威尔斯（Sam Welles，1909—1997）是加州大学伯克利分校的两位著名的古生物学家，他们收集并研究了许多凯恩塔地区的动物。坎普研究了从蜥蜴到恐龙等许多不同的化石群，并把他的研究发现传授给了山姆·威尔斯。

文化点滴

电影中的恐龙

恐龙出现在电影中已有近百年的历史。1993年由史蒂文·斯皮尔伯格（Steven Spielberg）执导的电影《侏罗纪公园》火爆上映，其主角就是双嵴龙。这部电影以首次采用计算机生成图像并获得良好效果而闻名。电影中，双嵴龙只有实际大小的四分之一，它的脖子上有一个可以张开以作警示的头冠，这个头冠还能向攻击者喷射毒液。

恐龙足迹

有许多地区以恐龙足迹和恐龙骨架而闻名，凯恩塔组岩层便是其中之一。通过这些足迹，我们可以了解到恐龙是如何生活的。

一串脚印可以帮我们了解某一恐龙的习性和特征，比如，身体是否有伤，活动时速度是否很快等。

留下足迹

这些脚印为我们研究恐龙提供了线索。这些化石也为古生物学家提供了宝贵的信息。

恐龙踩在松软的泥沙上，留下了脚印。

脚印会被更多的泥沙填满。

经过数百万年，泥沙逐渐演变成岩石。

填充脚印的泥沙被冲刷掉，留下了一个岩石质的脚印。

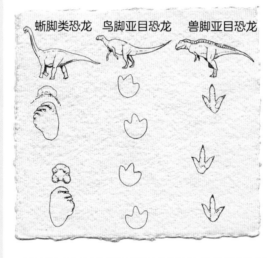

蜥脚类恐龙　鸟脚亚目恐龙　兽脚亚目恐龙

足迹类型

我们至少可以辨别出一些主要的恐龙群体的脚印。脚印大小千差万别，有火鸡脚大的小脚印，也有蜥脚类恐龙几米宽的大脚印。有些脚印甚至可以保留脚底的鳞片或脂肪垫的压痕。

计算速度

一般来说动物行走时，脚印之间的间隔很短；快跑时，脚印之间的间隔就可能较长。根据恐龙留下的足迹，再借助基于现代动物得来的公式，科学家可推断出恐龙的大致体形和奔跑速度。

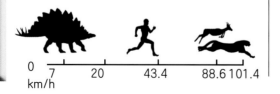

0　7　20　43.4　88.6 101.4
km/h

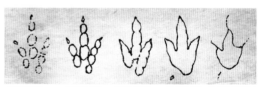

浅脚印　浅脚印　浅脚印　深脚印　泥陷脚印

解读足迹

除了恐龙种类和移动速度之外，脚印还传达出许多其他信息。有些脚印向我们展示的是一个恐龙群体，而另外一行脚印似乎表明一只猎食者在跟踪它们。

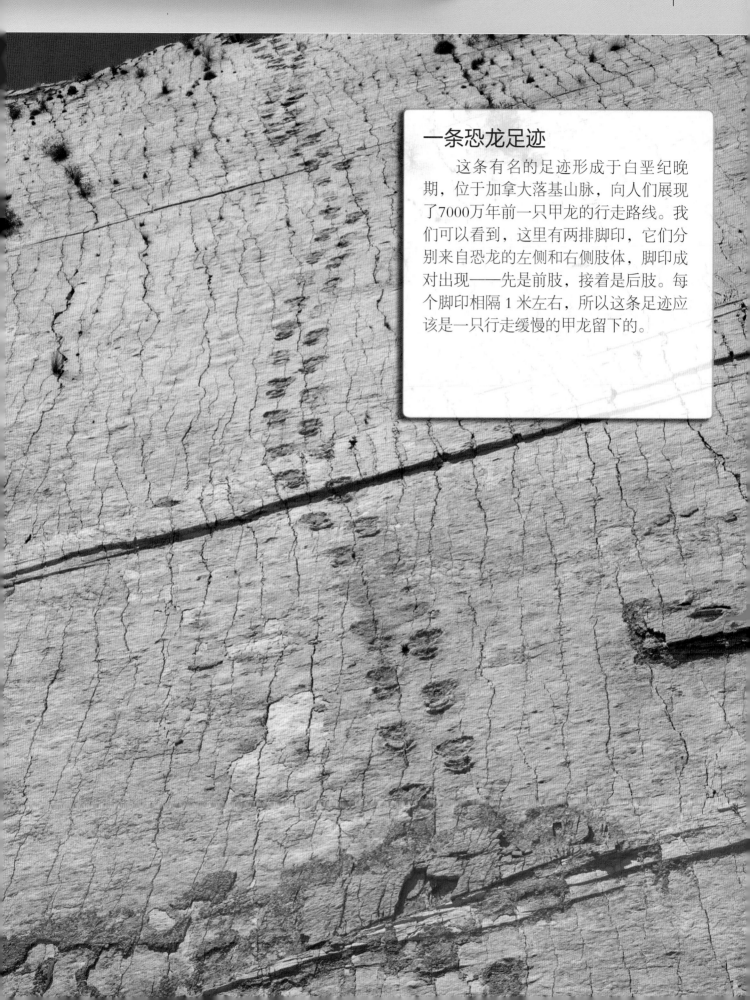

一条恐龙足迹

　　这条有名的足迹形成于白垩纪晚期，位于加拿大落基山脉，向人们展现了7000万年前一只甲龙的行走路线。我们可以看到，这里有两排脚印，它们分别来自恐龙的左侧和右侧肢体，脚印成对出现——先是前肢，接着是后肢。每个脚印相隔1米左右，所以这条足迹应该是一只行走缓慢的甲龙留下的。

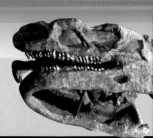

禄丰龙

中国恐龙世界闻名。20世纪30年代出土的禄丰龙化石是中国早期发现的恐龙化石之一。

禄丰岩在年代上属于侏罗纪早期，与凯恩塔组岩层所处的时代相同。这里常出土蜥脚形亚目的恐龙，它们通常和一些兽脚亚目恐龙及早期哺乳动物的远亲共同生活在一起。

禄丰龙

禄丰龙是一种中国常见的恐龙，很可能靠后肢行走，以植物为食。前肢有力，前爪宽大，可能有利于觅食，甚至打斗。科学家已经发现了禄丰龙的胚胎化石。他们发现，未孵化出的胚胎和未孵化出的鸟在蛋中的活动方式相似。

小脑袋　　长脖子

长尾巴

云南龙

云南龙是禄丰龙的近亲，但云南龙的化石并不常见。云南龙长着奇特的汤匙形牙齿，这说明它与后来的蜥脚类恐龙（见第52～53页）关系更加密切。

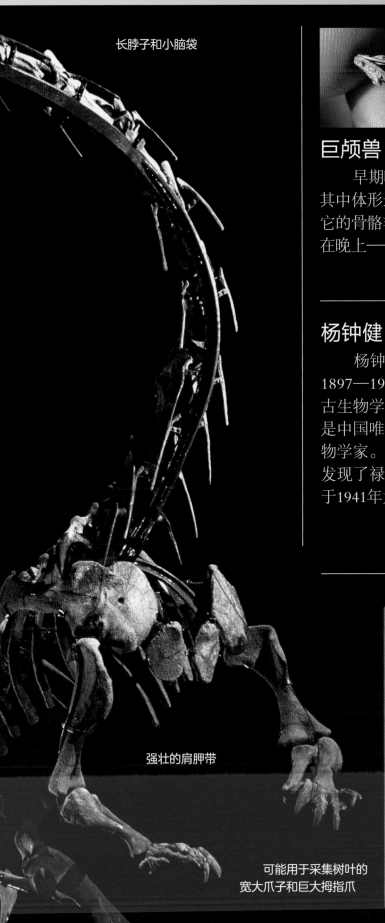

长脖子和小脑袋

强壮的肩胛带

可能用于采集树叶的
宽大爪子和巨大拇指爪

巨颅兽生活在
约1.95亿年前。

巨颅兽

　　早期哺乳动物的体形通常较小。巨颅兽是其中体形最小的，只比人类的拇指大一点点。它的骨骼非常小巧，它以昆虫为食，并且可能在晚上——没有恐龙出没时才出来活动。

杨钟健

　　杨钟健（CC Young，1897—1979）被誉为"中国古生物学之父"。曾经，他是中国唯一研究恐龙的古生物学家。他在20世纪30年代发现了禄丰龙和云南龙，并于1941年为它们命名。

中文名称

　　从20世纪30年代开始，中国的古生物学家已经命名了许多恐龙。其中包括一种迄今为止英文名字最长的恐龙——微肿头龙（Micropachycephalosaurus）。这个名字意为"身形较小，头颅厚重的爬行动物"。这种恐龙生活在白垩纪。其他一些恐龙名，如宣化角鼻龙和浙江龙，对外国人来说很难发音。

盔甲恐龙

侏罗纪早期，最早的盔甲恐龙出现了。这些长着盔甲的食草类恐龙在遭受大型食肉恐龙攻击时幸存的概率更高。

第一具骨架

棱背龙属于人类已知的首批盾甲龙类恐龙，它身上长着许多错综复杂的鳞甲。19世纪末，人们在英格兰南海岸首次发现了棱背龙的骨架，而在这一时期，人们了解恐龙的途径还局限在牙齿或其他残骸，所以第一具恐龙骨架的发掘具有重要意义。

化石动态

这是棱背龙的头骨和颈部化石，棱背龙颈后长着巨大的盔甲片。这块化石在出土的时候，鼻尖部分有些折断。我们可以清楚地观察到棱背龙的颌骨上长着两排小小的叶状牙齿，这种牙齿很适合咀嚼蕨类植物。

棱背龙的背部、颈部和尾部长着大小不一的骨板（鳞甲）。

皮肤化石

棱背龙皮肤化石的这一部分（下图）表明，其皮肤上有许多密密麻麻的小骨板。棱背龙的骨架有时会被冲进海洋，皮肉最终不见了。图中这只可能在被鲨鱼或蟹啃食之前就被深埋在泥土里了。

地质记录

我们是如何确定所有恐龙的年龄以及岩石年代的呢？其实我们是从地层学中得到的相关信息，因为地层学是一门研究地质时代的学科。

地层学是一门研究地层或岩层的学科。早期科学家认为，岩石和化石是他们在不同地区的偶然发现，没有任何实际意义。后来，第一批专门研究岩石的地质学家发现了其中的规律。

代	纪	事件
新生代	第四纪	人类进化
	第三纪	哺乳动物多样化
	古第三纪	
中生代	白垩纪	恐龙灭绝 最早的显花植物
	侏罗纪	最早的鸟类 恐龙多样化
	三叠纪	可能是最早的哺乳动物 最早的恐龙
古生代	二叠纪	物种大灭绝 爬行动物多样化
	石炭纪	最早的爬行动物 茂密的森林栖息地
	泥盆纪	最早的两栖动物 有颌鱼类多样化
	志留纪	最早的陆生维管植物
	奥陶纪	可能是最早的鱼类
	寒武纪	复杂生命多样化 最早的脊索动物
晚元古代	前寒武纪	最早的软体后生动物 最早的动物踪迹

2 百万年前
66 百万年前
100 百万年前
145 百万年前
201 百万年前
251 百万年前
298 百万年前
358 百万年前
419 百万年前
443 百万年前
485 百万年前
541 百万年前
1000 百万年前

地质年代表

新岩石会覆盖旧岩石。因此，地质学家们在悬崖和采石场深入探索后，就可以计算出岩石从古至今的相对年龄。19世纪20年代和30年代，专家们开始将厚厚的岩石层分为三叠纪、侏罗纪和白垩纪等地质时期。后来，他们利用放射性矿物的衰变率计算出精确的岩石形成年代，精确度以百万年为单位。

标准化石

有些动物，如菊石，会很快进化出新的种类，生存的地质时代很短。因此，这类动物的化石就可以作为"标准化石"，它们通常只出现在某一地层中。这对推算未知的岩石来说很有用，你可以将这些动物的化石和之前发现同类化石的地层做比较。

绘制年代图

威廉·史密斯（William Smith，1769—1839）被誉为"地层学之父"，他主要通过绘制运河路线和发掘煤炭等贵重矿物来谋生。1815年，他绘制了第一幅地质图（左图），该图展现了英国地区的主要岩层。他利用化石将不同地区的岩石进行了匹配。

化石发现

威廉·史密斯可以辨识出许多不同种类的菊石（下图），每一种菊石都标志着岩石的特定年代范围。菊石生活在侏罗纪的海洋中，它们的身体像鱿鱼或章鱼一样，藏在一个球形的壳里。

菊石的化石

莱姆里杰斯悬崖

莱姆里杰斯是英国南部的一个小渔村，在它附近的悬崖地带，人们发现了许多著名的里阿斯灰岩化石，其中就有长着盔甲的棱背龙的化石。人们开采这里的石灰岩和泥岩层当作建筑石料。在开采过程中，很多人会把菊石和其他贝类化石以及偶尔发现的骨骼收集起来。

海洋巨兽

当一些早期的恐龙在陆地上行走时，形态各异的巨型爬行动物则在侏罗纪的海中潜行。它们以菊石、鱼，甚至它们的同类为食！

危险的水域

侏罗纪的海洋中最常见的爬行动物是鱼龙，即"鱼类爬行动物"。鱼龙看起来像现代的鲨鱼或海豚，通过左右拍打尾巴快速游动。它们以各种海洋生物为食，如鹦鹉螺。海洋中有另一群爬行动物，它们是蛇颈龙。它们好像在"水下飞行"，通过拍打桨状的四肢来追逐鱼类，甚至小型的鱼龙。

鹦鹉螺

蛇颈龙

龙

玛丽·安宁

玛丽·安宁（Mary Anning，1799—1847）是一位极负盛名的化石收藏家。她在莱姆里杰斯发现了鱼龙和蛇颈龙化石，还发现了会飞的爬行动物的化石以及许多菊石和鱼类的化石。她对这些灭绝生物的研究有敏锐的洞察力，但往往被同时代的男科学家忽视。

化石发现

在莱姆里杰斯地区发现的一些化石令人惊叹。其中有一具鱼龙化石，我们可以清晰地看到它的每块骨骼、又长又尖的口鼻和胸腔下面的前鳍。这具鱼龙尸体一定是掉到了海床上，然后被黑泥覆盖，所以没有受到任何破坏。

南极洲的恐龙

人们在30年前才发现了南极洲的第一批恐龙，此后又有几具恐龙骨架被发掘出来。将化石从坚硬的冰面上挖出来需要付出巨大的努力。

中生代，南极洲并没覆盖厚厚的冰，气候更温暖，且有茂密的森林。

南极探索

在南极洲探险花费高昂，需要船只、飞机（直升机）将人及所有设备运送到这里。夏天结束前，运来的所有的东西都必须带走，垃圾也要处理干净。

实地探险

南极洲南部夏季时，积雪融化，地质学家们可以观测到岩石。科学家们必须尽快在这个短暂的夏季完成他们的工作。虽然雪已融化，但空气依然寒冷，他们必须穿着厚重的衣服保暖。

连在一起的大洲

如今，南极洲是位于南极的一个巨大岛屿。然而在中生代，南极洲与其他几个洲相连。尽管冬季较冷，有些地方甚至几个月都没有阳光，但这里似乎也有恐龙的足迹。

冰河龙

用"冰冻爬行动物"来形容这种南极恐龙似乎非常贴切，但实际上这种侏罗纪早期动物并不在冰上生活。虽然人们只在柯克帕特里克山上发现了这种恐龙的少许腿骨，但这些骨头表明它是一种原蜥脚类恐龙，与来自中国的禄丰龙（见第34～35页）有亲缘关系。

冰脊龙

冰脊龙是最早被命名的南极恐龙，也是最引人注目的一种恐龙。冰脊龙是一种兽脚亚目恐龙，它的前额有一个非同寻常的骨嵴，就长在眼睛前面。这个骨嵴的颜色可能很鲜艳，用来发出信号。

三列齿兽

南极洲还有一些侏罗纪早期的动植物化石，其中包括一只翼龙和一些其他恐龙的骨骼碎片，以及一些树干和其他植物的化石。有一块不同寻常的化石来自一只三列齿兽（见下图）。人们仅通过一颗牙齿化石就识别了这种动物。三列齿兽是哺乳动物的近亲，它们长着巨大的牙齿，可以嚼碎那些坚韧的植物。

鸟类起源

人们常说鸟类就是"活恐龙",这是什么意思呢?经过对恐龙骨骼的仔细研究,科学家们绘制了详细的族谱。从这些族谱中我们可以清楚地看出,鸟类的祖先就是恐龙。

鸟类　　其他兽脚类　　蜥脚类恐龙

兽脚亚目

蜥臀目恐龙(长着蜥蜴状髋部的恐龙)

特殊的染料能让我们更清楚地看到鸟类胚胎的骨骼发育情况。

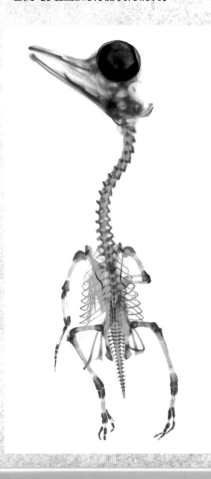

胚胎的秘密

鸟类是一种非常特殊的动物。如今,鸟类祖先兽脚亚目动物的许多特征已经消失不见,或者发生了改变。不过,现代科学的发展能够通过鸟类胚胎重现那些消失的骨骼。眼眶后骨是一种常见的恐龙头部骨骼,它构成了眼窝的后半部分。人们一度认为鸟类没有这种骨骼结构,但通过观察鸟类胚胎,可以发现其眼眶后骨是存在的,只是在鸟类的进化过程中,这一骨骼很早就与头骨其他部分融合。这也正是古生物学家曾经认为鸟类不存在这种骨骼结构的原因。

亲缘关系

　　鸟类是兽脚亚目动物，它们在头骨、脊椎、前爪和后足上有许多共同的特征。鸟类的祖先是虚骨龙，因为它们和所有的虚骨龙一样，长着长长的前爪和羽毛。最早的鸟类是始祖鸟，它的骨骼和小型食肉恐龙的骨骼一样。

盾甲龙类　　　　鸟脚亚目　　　　厚头龙　　　　角龙　　　　翼龙　　　　鳄鱼类

鸟臀目恐龙
（血缘关系更近）

恐龙

鸟颈类主龙
（鸟类的初龙）

初龙（居于统治地
位的爬行动物）

兽脚亚目恐龙

很多兽脚亚目恐龙都是食肉恐龙，其中有些种群进化出了喙，且没有牙齿，最终成了食草恐龙。

兽脚亚目恐龙头骨

这些兽脚亚目恐龙的头骨有许多不同之处，比如口鼻长度、牙齿形状和咬合力的大小。通过这些不同之处，我们可以了解到它们不同的习性。

暴龙的头骨后部很宽，可容纳噬骨肌。

异特龙的头骨坚硬，利于应对捕猎时对头部的冲击力。

似鳄龙属于棘龙类，它们长着类似鳄鱼的长长的吻部，便于吃鱼。

鲨齿龙嘴巴有力，牙齿像切牛排的餐刀一样，可以承受重达512千克的物体。

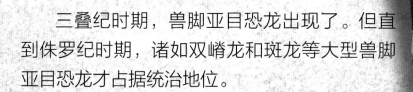

三叠纪时期，兽脚亚目恐龙出现了。但直到侏罗纪时期，诸如双嵴龙和斑龙等大型兽脚亚目恐龙才占据统治地位。

牙齿

所有兽脚亚目恐龙的牙齿都或多或少有着相似之处。它们的牙齿都向内弯曲，这意味着猎物一旦进入其口中就无法挣脱！牙齿的前后边缘都很锋利，呈锯齿状，就像切牛排的餐刀一样。

两足行走

兽脚亚目恐龙奔跑时靠后肢发力，不使用前肢。如果猎物较小，它会来个一口吞。如果猎物很大，兽脚亚目恐龙会把猎物四肢撕扯下来，然后把头骨和颈部分成小块。

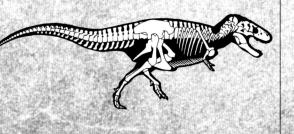

错误的形状认知

最早出土的兽脚亚目恐龙是斑龙（见第48~49页），人们最初只通过几块骨骼认识了这种恐龙。威廉·巴克兰（William Buckland）是斑龙的发现者，他认为这是一种巨型蜥蜴，而理查德·欧文（Richard Owen）则认为它可能是一种哺乳动物。这幅图中的恐龙像是狮子和鳄鱼的合体！

侏罗纪食物网

当很多化石同时被发掘的时候，人们也许就能发现其中存在的食物链，通过食物链可以看出这些动物吃什么。侏罗纪时期，恐龙是主要的食草动物，而这些食草类恐龙又是兽脚亚目恐龙的猎物。陆地上的哺乳动物等小型动物也是食物链的一部分，它们以昆虫为食，最终可能成为鳄鱼等小型掠食动物，甚至兽脚亚目恐龙的盘中餐。

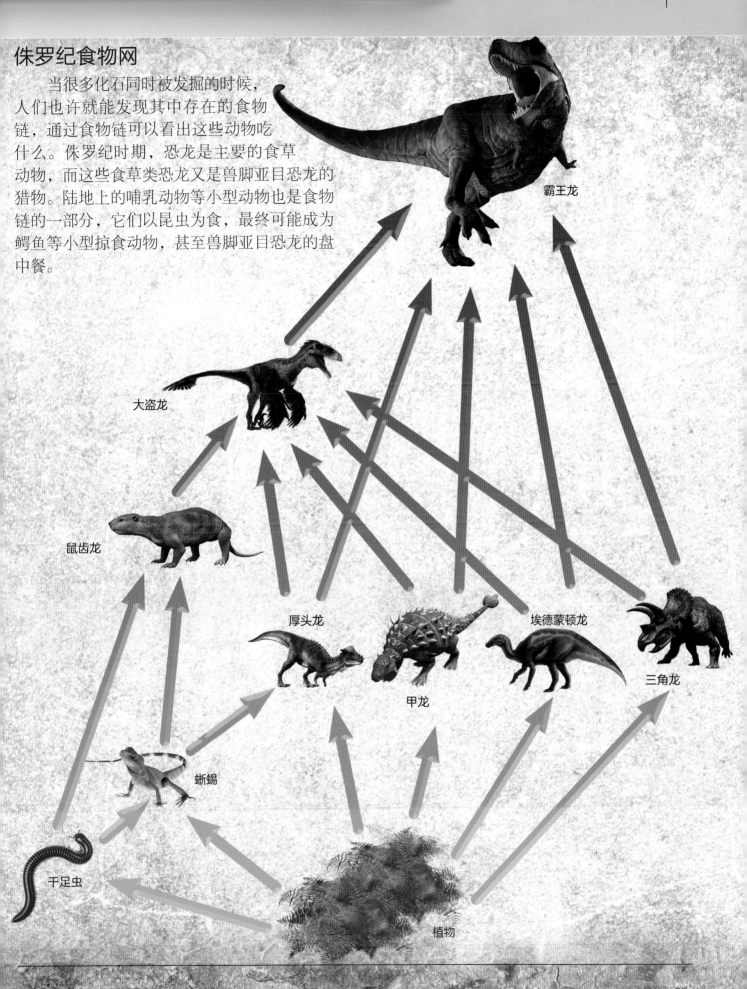

霸王龙

大盗龙

鼠齿龙

厚头龙

甲龙

埃德蒙顿龙

三角龙

蜥蜴

千足虫

植物

像斑龙之类的兽脚亚目恐龙，其尾巴几乎都是肌肉，这样当它用两条后肢奔跑时就能够保持平衡。后腿最有力的肌肉位于尾巴的根部，行走时会更有力。

斑龙

斑龙生活在侏罗纪中期，外形十分恐怖，它身长约6米，体重约1吨。这种兽脚亚目恐龙有着强有力的后肢，可以快速跑动，前肢用来捕捉猎物。尾巴很长，用来平衡身体。它很可能是当时最大的陆地猎食者，常在欧洲的古老森林中徘徊。

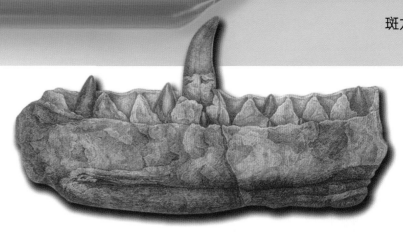

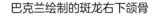

巴克兰绘制的斑龙右下颌骨

凶猛的掠食者

目前人们了解到斑龙来自侏罗纪中期的英国、法国和葡萄牙。不论在其中哪个地区，斑龙都是所谓的"顶级掠食者"，这意味着它能够攻击并捕食当时所有食草动物。一些早期的恐龙群落并没有顶级掠食者。但是斑龙体形非常大，又有非常有力的嘴巴和爪子，足以攻击任何生物。

恐龙的命名

1824年，斑龙成为世界上第一种被人类命名的恐龙。威廉·巴克兰（William Buckland，1784—1856）并没有亲自收集这些化石。这些化石是在英国牛津附近被一些收藏家发现的。斑龙意为"巨大的蜥蜴"，当时，科学界并没认定恐龙是真实存在的。一直到大约20年后，"恐龙"这个词才被使用。

防御系统解析

剑龙在侏罗纪中后期繁盛一时。它们身上长着一组雄壮的骨板和骨刺，这些骨板和骨刺很可能有多种不同的作用。

剑龙的骨板和骨刺都是骨骼，直接长在皮上，叫皮骨。有些剑龙不仅背部和尾部排满了骨板和骨刺，就连它们肩膀上都有。

很多剑龙的前爪呈半圆形，这有利于分散体重的压力。蜥脚类动物也是如此。

锐龙

作为最大的剑龙科恐龙，锐龙在葡萄牙、法国和英国的侏罗纪晚期为人熟知。然而，人们并未发现其完整的骨架。它身长6～10米，背部中间有两排小骨板和利刺。

如果遭受食肉恐龙的攻击，锐龙可能会用带尖刺的尾巴给予对方一记猛击。

科学板块

用于防护的骨头

剑龙的头骨非常坚硬，整体似管状，头骨保护着极小的大脑！这张照片是眼窝的特写，眼窝顶部有巨大的脊。照片中，齿脊的背面有一排排三角形的小颊齿，用来研磨食物。

华阳龙

这种中国剑龙可能与锐龙类似，但它们的骨板和骨刺形状不同。华阳龙的身形要小一些，只有4.5米长，可能会遭到气龙的捕食。它来自四川省自贡恐龙遗址（见第86~87页），在那里人们发现了12具华阳龙的骨骼。

蜥脚类恐龙

中生代见证了最大的陆上动物——蜥脚类恐龙的演化。虽然它的远亲，同属原蜥类的板龙靠两足行走，蜥脚类恐龙却"执意"靠四足行走。它们庞大的身躯令古生物学家十分着迷，因而其中很多种群都得到了古生物学家的研究。

关于迁徙

早期的蜥脚类恐龙，如蜀龙和鲸龙，生活于侏罗纪中期，体形中等。后来的蜥脚类恐龙，如阿根廷龙，体重可达80吨。小蜥脚类恐龙刚孵出时体重只有约5千克，有些要花几十年才能长成成年恐龙的体形。

关于迁徙

　　不同种群的蜥脚类恐龙似乎有不同的社交圈，根据它们留下的足迹可知，年龄相仿的恐龙会结伴而行。然而，也有一些种群会不分老幼，一起出行。

恐龙的植物食谱

为了给庞大的身体供能，蜥脚类恐龙要吃很多植物。据估计，一只体重10吨的恐龙一天可能要吃33千克的蕨类植物，而一只80吨重的阿根廷龙一天要吞下200千克的植物！

苏铁

树蕨

马尾

实验室

在寻找过去生命的线索时，微小的化石和巨型骨骼化石一样有用。

化石"猎人"必须在实验室里清洗并筛分大量的沉积物，以便分离出微小生物的牙齿和骨头。

食草类始祖鸟是一种与哺乳动物关系密切的小型爬行动物，图为始祖鸟的尖齿。

赫恩斯勒索遗址

我们在英国中部发现了侏罗纪中期较小动物存在的有力证据。赫恩斯勒索的一处遗址存有丰富的遗迹。约10吨的沙子中保存了成千上万个生活在小池塘里的鱼、青蛙、蝾螈、鳄鱼和乌龟的骨骼，以及植物的根茎。

赫恩斯勒索遗址化石

赫恩斯勒索遗址化石包括鳄鱼和以早期蜥蜴和小型哺乳动物为食的小型兽脚亚目恐龙。哺乳动物的化石非常稀少，但是我们已经发现了一些以昆虫为食的物种。还有一些会飞的翼龙的骨头化石。

一位画家对赫恩斯勒索动物世界的想象

筛分

我们在野外仔细搜索，可以捡到小的化石，然后把沉淀物冲洗干净除去泥浆后，再仔细筛分。无用的小碎片会被筛走，骨头和牙齿化石会留下来。

绘图

古生物学家绘制并拍摄他们发现的化石。小型化石可能会破碎，但是碎片可以拼在一起，因此可以绘制整个标本，例如头骨（右图）。

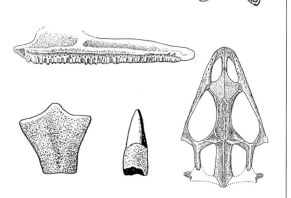

显微断层扫描仪

现在，古生物学家可以使用显微断层扫描仪观察化石内部。该仪器对化石进行虚拟扫描，如同将其切成薄片一样，并且可以通过计算机将扫描结果汇总在一起，生成化石内部的3D图像。这步操作非常有用，因为它不会损坏化石。

电子显微镜扫描工作

扫描电子显微镜（SEM）可以使科学家看到微小化石的大量细节，而且还可以拍摄出高质量的照片，甚至可以分析化石的化学结构。在普通的光学显微镜下，您很难给微小的样本拍摄出好的照片，因为您只能将焦点集中在一个水平面上。但是，在扫描电子显微镜中，您可以看到整个化石内部。如果化石受损，某些扫描电子显微镜可以对其进行化学分析。

科学板块

化石的准备工作

人们从野外的岩石中挖出较大的化石，并用石膏和绷带将其包裹起来加以保护。在实验室中，将石膏切开，然后小心地从骨头上除去岩石。这项工作可能要用上小钻，会花费几天时间。然后，在每块骨头上涂上一层胶水使其硬化，接着就可以组装起整个骨架，以便在博物馆中展示。

恐龙知识

恐龙之所以出名是因为它们打破了多项动物界的纪录，比如，恐龙是有史以来最大的陆地动物！要准确测量恐龙的大小很困难。长度不难测量，但很难估计体重。

最长的恐龙

·据说，最长的恐龙是双腔龙，身长40～60米，但是人们只发现了一些零碎的双腔龙骨骼。

·目前，人们发现的最长的恐龙可能是超龙属的蜥脚类恐龙（见第62～63页），这种恐龙存在于侏罗纪晚期的北美，身长33～34米。

·最长的掠食性恐龙可能是棘龙，生存于白垩纪早期的北非，身长14～18米，重约20吨。它的体形比霸王龙大得多，霸王龙身长12～13米，重6～9吨。

最高的恐龙

·蜥脚类腕龙可能是最高的恐龙，它生活在侏罗纪晚期的坦桑尼亚（见第60～61页），身高约25米，它可以将头抬到离地面约13米的高度。

最重的恐龙

·双腔龙可能是最重的恐龙，它重约120吨，但因为双腔龙的骨架不完整，所以古生物学家很难确定这个猜测。最重的恐龙更有可能是来自白垩纪中期阿根廷的阿根廷龙，它们身长约30米，重73～88吨。

最小的恐龙

·最小的恐龙是美龙，是一种兽脚亚目恐龙，存在于白垩纪早期的中国，只有约53厘米长，重量不到70克。

恐龙蛋

·最大的恐龙蛋长约30厘米，可以容纳约3.3升水。它们是蜥脚类恐龙产的卵，发现于法国南部和阿根廷。

·2005年，泰国发现了白垩纪最小的恐龙蛋，它们长约18毫米，比麻雀的卵还小。

鱼龙妈妈与5个未出生幼崽的化石

下列网站可查阅打破纪录的恐龙

www.nhm.ac.uk/nature-online/life/dinosaurs-other-extinct-creatures/dino-directory/ 可以查阅更多信息

www.enchantedlearning.com/subjects/dinosaurs/questions/faq/Smallest.shtml 恐龙知识问答

www.livescience.com/animals/060301_big_carnivores.html 新闻报道过的恐龙

巨龙时代

  侏罗纪晚期，大洲慢慢分开，形成了小块的陆地，大西洋因此诞生。恐龙依旧占据着陆地生态系统的顶端，进化出了为大家熟知的外形。海洋中，大型爬行动物与鹦鹉螺共同生存；空中，翼龙开始和恐龙的新进化出的物种——鸟类共享同一片领地。

侏罗纪巨龙

腕龙是侏罗纪晚期最大的一种蜥脚类恐龙。这种巨型恐龙的牙齿呈勺状，且很厚，因而能切断坚韧的植物。

布氏腕龙是最早被发现的腕龙，1903年在北美出土。后来，人们在坦桑尼亚发现了类似物种的其他化石。

头骨化石

腕龙的头骨上满是小洞，还有一个有两个独立空间、便于气体流通的头冠。它巨大的体形意味着身体温度可能过高。为了保持大脑温度适宜，头骨内会充满扩张的血管，帮助散发多余的热量。

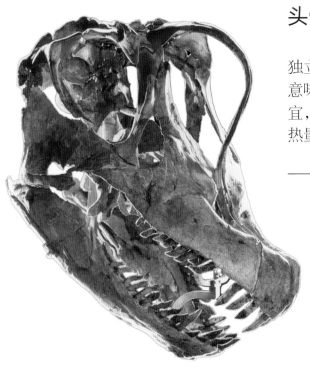

专家认为腕龙头骨上的窟窿是为了减轻头骨重量以及整个头部的重量。

腕龙的脖子和头可以向前伸，它也可以把脖子向上伸展十几米去够树上的叶子。

陆生还是水生？

早期的古生物学家认为腕龙是水生动物，因为水中生活更利于庞大的体形，头冠可作为通气管。然而，新的证据表明，腕龙是陆生动物，它的前肢爪部呈半圆形，有利于分散体重。

骨架展示

在坦桑尼亚出土的腕龙被认定为新的种群，后来人们发现，它是腕龙的近亲，只不过是另一种蜥脚类恐龙——长颈巨龙。今天，我们可以前往德国柏林参观这种恐龙的骨架。

坦桑尼亚的恐龙

坦桑尼亚的汤达鸠矿床出土了数量惊人的恐龙骨骼化石。坦桑尼亚侏罗纪晚期的动物种群和欧洲、北美多处的都很相似。

地质学家称在汤达鸠山丘周围发现了巨大的骨头化石。1907—1913年，德国柏林的洪堡德博物馆人员到此地探险。

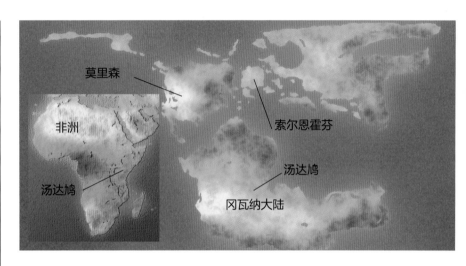

地图上的汤达鸠

汤达鸠位于非洲东海岸附近。而在侏罗纪时期，各大洲刚刚分开。该地区的恐龙很像北美莫里森组岩层以及葡萄牙卢连雅扬组岩层发现的恐龙。这些恐龙很可能在海平面低的时候跨越了不同的大洲。

沃纳·詹内斯切夫（Werner Janensch）

汤达鸠探险队由洪堡德博物馆馆长沃纳·詹内斯切夫（1878—1969）带队。他花了50年的时间研究该地发现的新恐龙。

肯氏龙

肯氏龙是一种大型有尖角的剑龙，和北美剑龙是近亲。它的尾巴可以大幅度摆动，猎食者如果遇到成年肯氏龙，袭击前是会三思的。

肯氏龙可长到4米长，它的名字的意思是"有尖角的蜥蜴"。

轻巧龙

　　轻巧龙发现于汤达鸠，是一种特殊的掠食动物，是沃纳·詹内斯切夫在1920年命名的。这种长约6米的细长型恐龙可以用它强有力的下巴和纤细的爪子抓捕猎物。它可能会捕食诸如橡树龙之类的较小的恐龙，以及蜥蜴和哺乳动物。

叉龙

　　与长颈巨龙（见第59页）相比，叉龙体形较小，脖颈较短。叉龙大多以低矮的植被为食，而其他恐龙能吃到高处的树叶，这也就避免了因为食物而产生争斗。

叉龙以低矮的灌木和约3米高的树木为食。

叉龙最高可达12米，最重可达7吨。

敦达古鲁组生态系统

　　敦达古鲁组地层在侏罗纪后期形成，这里是一处规模巨大的恐龙墓地，位于坦桑尼亚的潮汐海岸线附近。恐龙、翼龙、鳄龙的近亲以及早期哺乳动物都生活在这个地方。

最大的恐龙

蜥脚类恐龙是最大的恐龙，有些恐龙的重量超过60吨。大象约重6吨，而它们的体重大约是大象的10倍！

巨龙的演化

经过一系列适应环境的演化，蜥脚类恐龙才演化出庞大的身躯。早期它们由两足行走发展为四足行走，意味着它们的脖子会更长，因此可以够到更多高处的食物，也就节省了体力。它们在咀嚼食物、照顾幼小方面也不费力，很可能拥有强大的肺，因而可以吸收足够的氧气供给身体的组织。

梁龙（右图）可以长到33米长，是迄今最长的陆地动物，它借助长脖子去吃高处的植物，食量巨大。

- ■ 双腔龙
- ■ 梁龙
- ■ 超龙
- ■ 巨体龙
- ■ 阿根廷龙
- ■ 波塞冬龙

巨型恐龙

　　蜥脚类恐龙身长6~60米不等。它们中到底哪种恐龙体形最大暂无定论。许多蜥脚类恐龙的骨骼化石不完整，只有一些巨型恐龙的腿骨和脊椎骨骼化石可供人们了解。有完整骨架的巨型恐龙有腕龙和梁龙。超级龙、阿根廷龙和双腔龙的体形可能更大。想要知道地球上最大的陆地动物到底是谁，还需要我们进一步去探索。

化石战争

这场声势浩大的"化石战争"持续了20年。两位古生物学家争先恐后，要给新发现的恐龙命名，他们因为所有在美国西部发现的新恐龙化石而争斗不休。

科普和马什一开始是朋友，1870年前一直都有合作。后来，他们因为某处挖掘地点的使用权争吵不休，他们的团队也开始相互争斗。

奥塞内尔·查利斯·马什
（Othniel Charles Marsh）
马什（右图左边）是耶鲁大学的教授。他命名了80种恐龙新物种，包括异龙和梁龙以及白垩纪时期的鸟类——鱼鸟。

爱德华·德林克·科普
（Edward Drinker Cope）
科普是费城自然科学院的教授。他发表了1200篇科学论文，命名了70多个恐龙物种，包括圆顶龙和腔骨龙。

早期挖掘队

马什和科普雇用了一些铁路工人，让他们挖掘骨骼化石。这些人把骨骼装进木箱，用火车运往东部。当时没有时间绘制现场图或保护这些骨骼化石。

迷惑龙

1877年，马什根据莫里森岩层中发现的一种巨型动物的零散骨骼将其命名为迷惑龙。迷惑龙脖子很粗，因此有些科学家认为，迷惑龙愤怒打斗时，粗脖子可能是武器。

雷龙

1879年，马什命名了雷龙，意思是"雷霆蜥蜴"。然而，几年后，其他古生物学家认为迷惑龙和雷龙是同一种恐龙，直到2015年，科学家才重新研究了其骨骼化石，认定雷龙是新的品种。

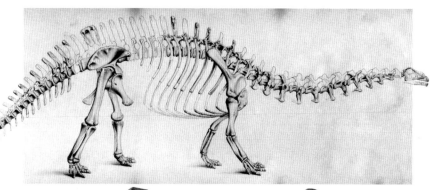

受损遗产

两位化石猎人之间的激烈竞争影响了他们的研究。骨头被错误地组装或描述，而炸药的使用破坏了化石遗址。

历史资料

全副武装

19世纪70年代和19世纪80年代仍然是"西讲运动"的时代，化石挖掘者必须携带步枪。这张照片上是马什和他的团队，后排中间留胡子的那个人就是马什。即使在寒冷的冬天，这些吃苦耐劳的队员也只能睡在帐篷里。马什按挖掘结果付给他们酬劳。他们还要与恶劣的天气、灰熊和其他化石挖掘者做斗争。

莫里森组岩层

自19世纪70年代的"化石战争"以来，美国中西部的莫里森组岩层一直是恐龙化石最丰富的来源之一。

莫里森的哺乳动物

莫里森组岩层不仅孕育了恐龙标本，还孕育了植物、鱼类和其他陆地动物的标本。莫里森哺乳动物包括一些长着锋利的针状牙齿，类似地鼠的小动物。它们可能会捕食甲虫之类的昆虫。

莫里森岩石

　　莫里森组岩层的岩石为砂岩和泥岩，主要由古河流沉积而成。恐龙的骨骼大多是在古沙洲中发现的，古沙洲是河流中心的沙子沉积区。当暴雨降临时，河流变成汹涌的洪流，死去的动植物被卷走。随着水流减慢，残骸就留在了河流边缘和中间的沙堤上。

莫里森景观

　　异龙、梁龙、剑龙、嗜鸟龙（下图）的化石都发现于莫里森组岩层中。它们会在冲积平原上觅食、活动，周围植被茂密，沼泽中有马尾草、蕨类，银杏和针叶树则生长在更坚实的地面上。

剑龙

剑龙是在莫里森组岩层出土的非常知名的恐龙之一，它也是早期被详细研究的装甲食草恐龙之一。

它背部骨板的作用引起了很多争论。这些骨板虽然没有保护到剑龙身体的两侧，但使剑龙看起来更加的高大。骨板表面覆盖着皮肤，颜色可能更为鲜艳。

重塑骨板

古生物学家一度想知道，这些骨板是否是以单排的方式排列，或者这些骨板是否向侧边凸出生长，形成一种骨质遮阳板。从最新的标本可以看出这些骨板是竖立的，剑龙的前脚很短，因此头部贴近地面，而尾巴却抬得很高。

剑龙的骨板上覆盖着皮肤，因为骨板的两边都有血管。血液流过皮肤，充血的骨板有可能变成红色。

装甲骨板

骨板从头部后面开始生长，一直延伸到尾部的尖刺。每块骨板都不与脊骨相连，而是长在背部的皮肤和肌肉里。这些骨板很可能是竖立的，不能移动。

剑龙的头骨很小，呈管状，下颚排列着形状像叶子的小牙齿，用来研磨植物。

剑龙及其表亲表现出与蜥脚类恐龙相似的承重能力。他们的手骨呈半圆形排列，就像一根柱子，帮助支撑身体的重量。

不同的恐龙尾巴上有不同的武器。甲龙有时候会用巨大的骨棒来攻击敌人。剑龙的尾巴上有尖刺，可能也是用来防御的。

异龙

异龙是侏罗纪晚期最常见，也是十分著名的食肉恐龙之一，它的足迹遍布北美和欧洲的冲积平原。

从这些化石我们可以看出，异龙等兽脚亚目恐龙是食肉恐龙，有了化石，研究人员还可以研究异龙的其他特点。

牙齿化石

异龙有着巨大的弯曲的牙齿，牙端很尖，牙的边缘很锋利，像牛排刀的边缘一样，呈锯齿状。这种牙齿能咬断骨头！

测力

有限元分析是工程师用来测试桥梁和建筑物强度的一种技术，但它也可以用在动物身上。

用激光扫描仪将头骨扫描进电脑里。

然后将头骨扫描转换成一个虚拟细胞的三维网格模型。

对网格细胞施加压力，测试头骨的反应。

应力和应变

通过有限元分析，古生物学家能够模拟恐龙头骨所受的力。计算机模型显示了异龙咬合时其头骨的反应。颜色越冷（蓝色和绿色），咬合力就越强。

异龙的咬合力很强，但并没有预期那么强。

异龙的攻击

尽管异龙的咬合力比我们原想的要弱，但它的头骨天生可以承受巨大的力量。它会借助脖子发力，再配合有力的嘴巴，一口将猎物吞下，而非用牙齿啃咬。

至尊猎手

和其他兽脚亚目恐龙一样，异龙也靠强有力的大嘴捕食。电脑分析显示，异龙捕食方式与鸟类相似，靠脖子的肌肉发力，将猎物的肉从骨头上扯下来。

可怕的爪子

异龙有着长而有力的爪子和锋利的爪尖。它的前肢很短，所以在捕猎或打斗中作用微乎其微。

恐龙与大陆漂移

恐龙起源于三叠纪时期的一块单一超级大陆，即泛大陆，在侏罗纪和白垩纪，大西洋开始往外扩张。关于大陆漂移的科学证据是毋庸置疑的。

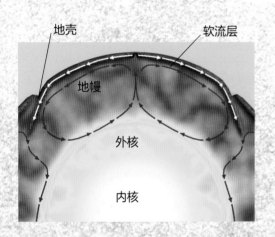

板块为什么会分开

大陆漂移是由板块构造驱动的。在固态地壳之下，地心是熔融岩浆。巨大的洋流在熔岩中缓慢地循环流动，以每年约1厘米的速度将中央海洋地壳拉开。

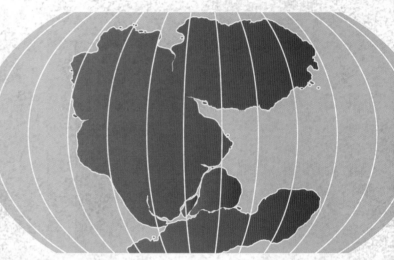

三叠纪

地球上所有的陆地都连接在一起形成了一个叫作盘古大陆的超级大陆。

白垩纪

大陆漂移得更远。海平面更高，北美和非洲都被海水分开。欧洲和亚洲被分成了几个岛屿。

溶血龙

同时出现的恐龙

　　大陆漂移的关键证据之一是恐龙的分布。例如，鸟脚亚目橡树龙和蜥脚类重型龙在非洲和北美都出现过，因为这两块大陆在侏罗纪时期是连接在一起的。

侏罗纪

侏罗纪时期，有两个主要大陆，北部是劳亚古大陆，南部是冈瓦纳大陆。

以前和现在

　　这两张地图展示了侏罗纪（上图）和现在（左图）的世界。在侏罗纪，南冈瓦纳大陆仍然存在，但是，白垩纪南大西洋的扩张，将南美洲和非洲分开，印度也开始向亚洲其他地区漂移，澳大利亚和南极洲也开始分离。

现在

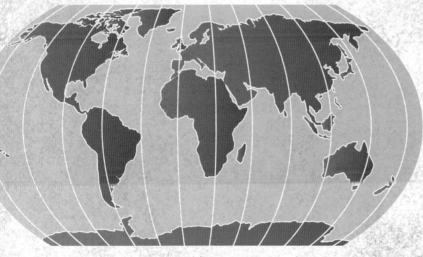

中龙

索伦霍芬泻湖

我们往往能从一些特殊的遗址里发现古代生命的细节，这些遗址里保存着完整清晰的化石。德国南部的索伦霍芬泻湖向我们展示了侏罗纪时期生命的另一面。

数百年前，石匠们在索伦霍芬发现了第一批化石。这处遗址因发现早期鸟类——始祖鸟而闻名。

泻湖

索伦霍芬的岩石是薄石灰岩。这处遗址保存着生活在温暖浅海中动物的化石，还有一些陆生植物、稀有恐龙、昆虫、鸟类和翼龙的化石。

印刷

大约200年前，印刷工人发明了石版印刷术，意思是"用石头印刷"。

用油性墨水或油漆在光滑的石灰石表面作画。

墨水洒在石头上，但只粘在有油性墨水的图画上。

把纸铺在石头上再进行按压，画就被印刷出来了。

每一块石印石可以复印上千张图画。

索伦霍芬采石场

几个世纪以来，德国石匠们一直从索伦霍芬采石场开采薄石灰岩板。这些石板纹理非常细，过去曾被用于印刷（见左图）。如今，它们被用作建筑材料。

化石的发现

在过去的200年里，人们在索伦霍芬采石场发现了成千上万块壮观的化石。工人们把薄薄的石灰岩板劈开后，经常会发现精美的化石。有些石板被劈开后，石板的两半都有美丽的化石印痕，比如上图中这条鱼。

生命之源地

索伦霍芬泻湖生活着大量的鱼类、虾（下图）、水母、贝类、珊瑚和其他海洋生物。始祖鸟会在这里捕食种类多样的昆虫。大多数翼龙会在这里捕食一些跳出水面的小鱼。

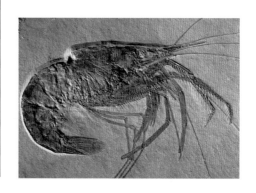

美颌龙

索伦霍芬湖较少见的一种恐龙便是美颌龙。这是一种小型食肉恐龙，1859年出土的几具标本才让人们认识了美颌龙。

这种恐龙身形小巧，只有1米长，以小型猎物为食，如陆地上的蜥蜴或哺乳动物。

这是一个完整的美颌龙原始标本，头部向后弯曲。

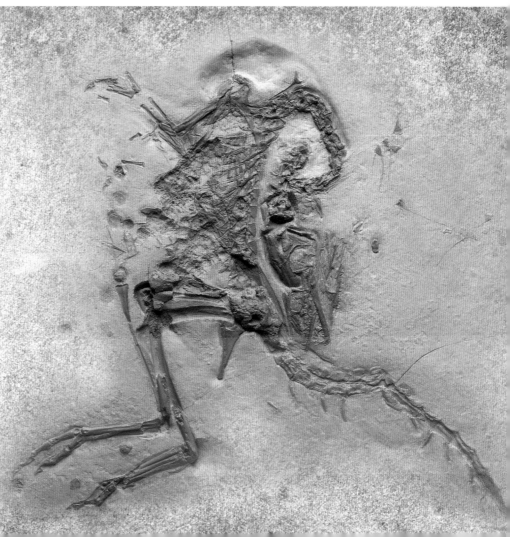

始祖鸟

世界上最著名的化石可能是始祖鸟化石，很多人都认为，始祖鸟是最早的鸟。

这种"早期鸟类"的第一批化石于1860年在德国索伦霍芬发现。从那时起，在德国还发现了10具侏罗纪晚期的骨骼化石。

第一只鸟

多年来，古生物学家一直在争论始祖鸟的飞行能力。风洞模型研究表明，它的飞行能力很好，但可能不像现代鸟类那样擅长在树木之间躲闪。

这根有1.5亿年历史的羽毛是在德国发现的。

羽毛的颜色

在索伦霍芬发现的羽毛化石中发现了色素，这表明始祖鸟的羽毛曾经是黑色的。不过，一些科学家对这个结论表示怀疑。

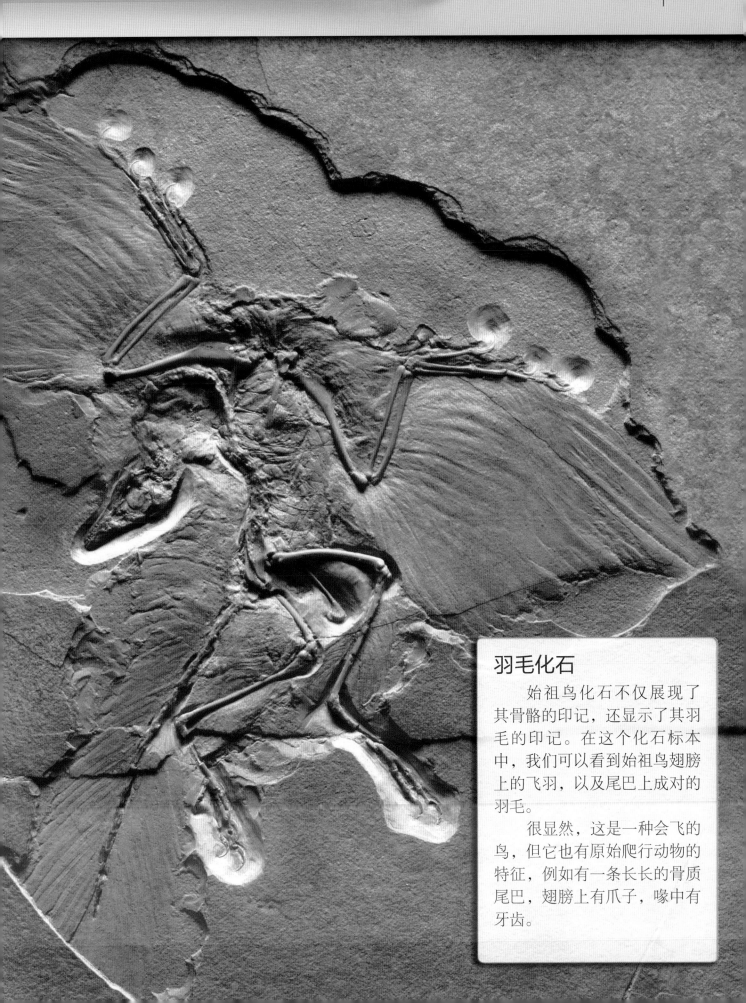

羽毛化石

始祖鸟化石不仅展现了其骨骼的印记,还显示了其羽毛的印记。在这个化石标本中,我们可以看到始祖鸟翅膀上的飞羽,以及尾巴上成对的羽毛。

很显然,这是一种会飞的鸟,但它也有原始爬行动物的特征,例如有一条长长的骨质尾巴,翅膀上有爪子,喙中有牙齿。

飞行类爬行动物

翼龙是一种非同寻常的爬行动物。它们不是恐龙，但和恐龙是近亲。它们和恐龙生活在同一时期，也就是从三叠纪晚期到白垩纪晚期。翼龙的双翼很长，是由前肢向外伸展的第四根"手指"形成的，这根"手指"支撑着皮肤膜衍生出来的薄而坚韧的翅膀。

化石的发现

保存最好的翼龙标本来自侏罗纪晚期的索伦霍芬泻湖。它们与始祖鸟（见第76～77页）发现于同一岩石中。一些标本（上图）清晰地显示出所有的骨骼脉络，以及清晰的翼膜印记。甚至从化石中，我们可以看出翼龙的翅膀是由多层皮肤构成的，皮肤上带有肌肉和血管，体表有毛发状的纤维。

泻湖翼龙

　　第一个索伦霍芬翼龙标本发现于1784年。自那之后，数百个标本被发现，几十个标本被命名。事实上，在索伦霍芬泻湖上空可能生活着六七种不同的翼龙，从黑鸟到大海鸥体形大小不等。大多数翼龙捕食小型猎物，如鱼类和无脊椎动物。从足迹化石可以看出，它们行走时四肢着地，翅膀闭合，紧贴身体。

葡萄牙的恐龙

自1990年以来，人们在葡萄牙发现了一些极好的恐龙化石。这些化石表明，葡萄牙不仅与欧洲其他国家有相同种类的恐龙，而且与北美洲也有相同的恐龙。

在这些侏罗纪晚期岩层中发现的恐龙种群与莫里森组岩层中发现的类似，这说明北美和欧洲有陆地桥将其相连。

卢林哈诺龙

人们在1998年发现了这种食肉恐龙的部分骨骼。它可能与北美的异龙有关，也可能与英国的巨龙有关，到底是哪一种还不确定。还有一点很重要，不要把卢林哈诺龙和卢林哈龙混淆，卢林哈龙是一种同样来自葡萄牙的蜥脚类恐龙。

丁赫罗龙

人们在葡萄牙发现了许多蜥脚类恐龙，但大多都只是部分骨骼化石。丁赫罗龙是在1999年被命名的，这样命名是因为它的脊柱上长有一排突出的椎骨（下图）。与梁龙的脊骨相似。

尾巴上的尖刺深深地长进皮肤和肌肉中，这些尖刺可以吓退一些掠食动物。

锐龙

到了侏罗纪晚期，剑龙已经遍布全世界（见第68～69页）。锐龙是一种剑龙，其化石已在欧洲多个地区出土，20世纪90年代在葡萄牙就曾有锐龙化石出土。锐龙的装甲由前面的小骨板和后背上长长的尖刺组成。

蛮龙可能会用它巨大的长有三趾的脚按住猎物，用它锋利的嘴巴撕咬猎物的肉。

蛮龙

蛮龙化石在葡萄牙出土之前，已经在北美的莫里森岩层中被挖掘了出来。这说明古大西洋中有陆地桥，恐龙因此可以在两块大陆间迁徙。这种巨大的食肉动物重达4吨，是欧洲发现的最大的兽脚亚目恐龙。

奥克塔维奥·马特乌斯（Octavio Mateus）

自1991年起，马特乌斯一直在葡萄牙进行恐龙化石的挖掘工作，主要是在卢林哈镇附近。他的研究揭示了一种全新的恐龙群系，这在以前几乎不为人所知。他还命名了七种新的恐龙。

 地球证据

年轻的古生物学家

做出考古重大发现的未必都是成年的古生物学家。上图中，荷兰11岁的雅各布·瓦伦（Jacob Walen）正站在卢林哈博物馆里的一块蛮龙的头骨旁，拿着一块恐龙的颌骨。2003年，他和家人在葡萄牙度假时发现了这块颌骨，当时他只有6岁。2008年，他把这块化石交给了卢林哈博物馆。他的这一发现轰动了全世界。

岸边的脚印

葡萄牙大西洋沿岸的侏罗纪晚期的岩石中保存着许多条长长的恐龙足迹。上图中，奥克塔维奥·马特乌斯正指着一条足迹，这是在该地发现的17条足迹中的1条。

海洋爬行动物

在侏罗纪晚期出现了很多大型海洋爬行动物。鱼龙和鳄鱼的近亲捕食鱼类和鱿鱼，而它们则是大型掠食性动物上龙的食物。

世界上许多地方都有这些大型海洋动物的化石，有的化石还留有它们胃部的残留物。

滑齿龙

之前对于滑齿龙体形的估计有些夸张，最新研究表明，这种强有力的猎食者身长平均5～7米。大大的嘴也表明它可以捕食大型猎物。

地蜥鳄

海鳄亚目进化之后，适应了海洋里的生活。它们和现代的鳄鱼是远亲，比如3米长的地蜥鳄，四肢进化成了桨状鳍，还有尾鳍。

鱼类化石

　　侏罗纪时期的海洋里有许多鱼，形状和大小各不相同。上图中的利兹鱼就是滤食性巨兽，有16米长，以海面的无脊椎动物和浮游生物为食。

上龙

　　上龙是侏罗纪海洋中最大的捕食者之一，有几个不同的种群，其中一些咬合力惊人。上龙的头骨有3米长，可以袭击重达2吨的猎物。

箭石有长而软的尾巴和侧鳍，以便在游泳时在水中保持平衡。

箭石

　　这些生物与现代乌贼和鱿鱼以及菊石化石有关（见第39页）。箭石有内壳层，形状像子弹。肉身上长有触角用来捕捉猎物。

惊人的发现

呕吐物化石

　　英国的一项发现证实了恐龙呕吐物的存在。人们在上图岩石中发现了大量的箭石壳，这些箭石壳可能是被鱼龙吃掉的。如果箭石是被海浪冲到一起的，它们的化石应该会朝同一方向排列。由此可见，很有可能是一只鱼龙吞下了一整群箭石，消化了它们的软组织，然后吐出了坚硬的外壳。

沙溪庙组岩层

沙溪庙组岩层出土的恐龙很值得注意，因为侏罗纪中期的岩石全球都是罕见的。

沙溪庙组岩层在中国四川出土，保留了古代森林生态系统的动植物生存状况。

董枝明是一位著名的中国古生物学家。从1973年到2009年，他命名了26种新恐龙，包括书上提到的大多数侏罗纪晚期的恐龙。他发现了包括大山铺在内的几个重要的恐龙遗址。

华阳龙，长4.5米。

华阳龙

董枝明在大山铺发现了举世瞩目的剑龙，那就是华阳龙。他发现了十二具华阳龙骨架。与它的近亲剑龙不同的是，华阳龙背上的骨板更窄，头更宽。

蜀龙

这种10米长的蜥脚类恐龙全身几乎被研究了一个遍，在中国出土了好几具化石。和梁龙以及其他近亲不同的是，它的尾端有个棒槌，也许可以抵挡猎食者的攻击。

晓龙

这种小型的食草恐龙可能与南非的莱索托龙（见第26页）有关。我们只发现了它的牙齿和一些零碎的骨头化石。

宣汉龙

这种兽脚亚目恐龙长6米，可能会捕食晓龙和其他小型恐龙。宣汉龙的手臂非常长，可能是用来抓捕猎物的，而不是用来在地面行走的。我们从一些零碎的化石得知，它可能是斑龙（见第48～49页）和异龙（见第70～71页）的近亲。

永川龙的头骨有82厘米长。

永川龙

永川龙是一种大型猎食者，出土于侏罗纪晚期的沙溪庙组岩层。永川龙身长8～10米，前肢短小，每只爪上有三指。头骨大，嘴巴深且有力，口鼻部有很低矮的骨质冠，也许只是为了好看而已。

自贡龙

中国保存最完好的恐龙化石发现于四川省自贡市的沙溪庙组，年代为侏罗纪中期。

最早的一批化石是在1972年发现的，当时一家中国天然气公司发现了一种兽脚类动物的骨骼，后来称其为气龙。

气龙

气龙身长4米，有点像斑龙（见第48～49页）。气龙的头骨尚未被发现，放在自贡博物院展览的是它的重塑模型。

峨眉龙

沙溪庙组中有多种蜥脚类恐龙，其中包括峨眉龙，它身长15米，重达4吨。该恐龙于1939年首次被发现，此后在中国不同地区发现了许多侏罗纪中晚期的物种。

历史记录的空白

在很长一段时间里，侏罗纪中期一直是个谜，因为这段时期的恐龙并不为人所知。唯一的考古发现是在欧洲，而在北美没有任何发现。20世纪70年代在中国自贡市的发现填补了这一空白，并表明中国有与英国发现的恐龙相似的恐龙。

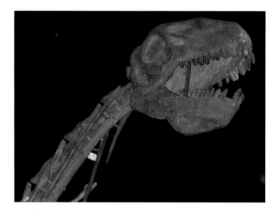

酋龙

这种蜥脚类动物身长15米，它的头骨比较大，牙齿呈勺状。它的名字意为"大头爬行动物"。酋龙和峨眉龙可能以不同的植物为食，因此它们之间不会有竞争。

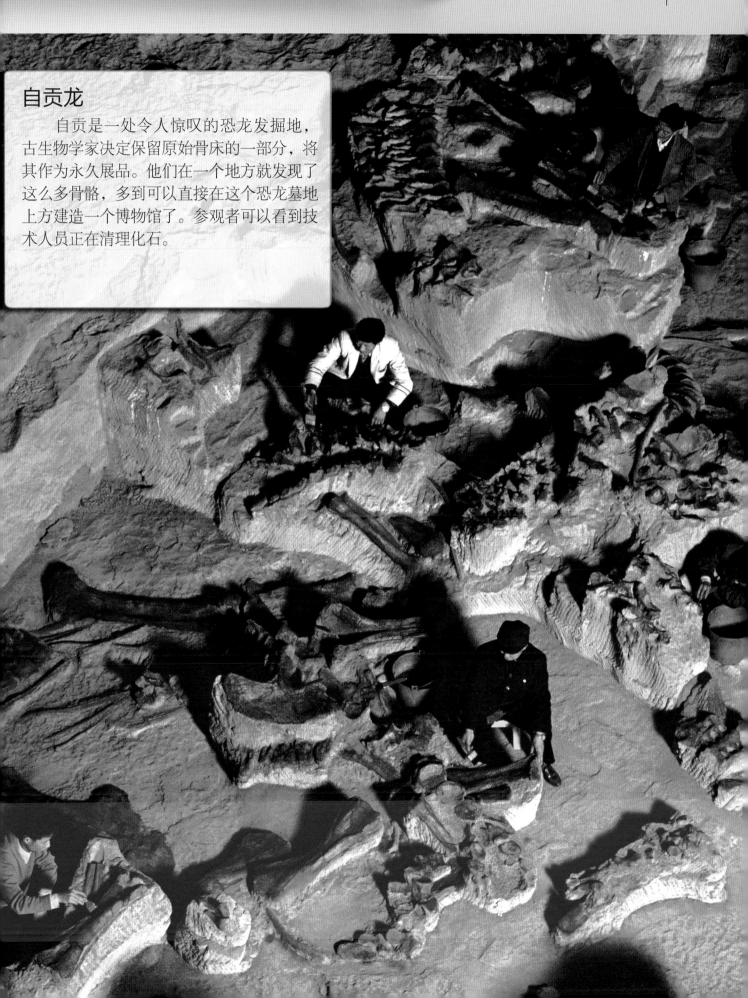

自贡龙

　　自贡是一处令人惊叹的恐龙发掘地，古生物学家决定保留原始骨床的一部分，将其作为永久展品。他们在一个地方就发现了这么多骨骼，多到可以直接在这个恐龙墓地上方建造一个博物馆了。参观者可以看到技术人员正在清理化石。

恐龙知识

自1824年以来，大约有1500种恐龙被命名，每两到三周就会有一种新的恐龙被命名。但是许多旧的命名是错误的，或者是基于无法确认的遗骸。

初代恐龙

目前已经确认的最古老的恐龙化石是来自圣玛丽亚组岩层的南十字龙、驰龙等。

晚期恐龙

霸王龙和三角龙化石发现于美国蒙大拿州地狱溪地层，它们生活在白垩纪的最后几年，在这个时期，一些大型恐龙几近灭绝（见第141页）。

最短的恐龙名字

美（Mei），来自"美龙"，意思是"睡龙"。这是我国白垩纪早期的一种伤齿龙，2004年由徐星和马克·诺雷尔命名。

最长的恐龙名字

微肿头龙（Micropachyceph-alosaurus），这个名字源自红土崖微肿头龙，意思是"来自红土崖的微小的肿头爬行动物"。这是中国白垩纪晚期的一种小型肿头龙，1978年由中国古生物学家董枝明命名。

第一种被命名的恐龙

斑龙，1824年由威廉·巴克兰（William Buckland）命名。这是英格兰侏罗纪中期的一种大型兽脚亚目恐龙。

最后一种被命名的恐龙

很难说哪种恐龙是最后一种被命名的恐龙，因为大约每两周在世界上的某个地方就会发现新的恐龙物种，用维基百科或其他任何搜索引擎，搜索"恐龙"或"本月新发现的恐龙"，看看会出现什么！

图为在美国怀俄明州发现的梁龙，最初是由古生物学家奥塞内尔·马什命名的。

物种多样的世界

　　白垩纪早期见证了各大洲陆续成形。陆地上，蜜蜂的远亲在恐龙身旁飞来飞去，为花儿授粉，给当时的世界增加了美丽之处。海洋中，爬行动物依旧是主角，而鸟儿也在天空中自由飞翔。

威尔德景观

新的生态系统最早出现在白垩纪早期的英格兰南部，所在的岩层叫威尔德组岩层。

白垩纪气候比今天更温暖，空气中二氧化碳及其他气体含量高，因而气候温和。两极还没形成大面积的冰层，但冬季有霜冻。

威尔德景观

虽然景观周围仍然有一些蜥脚类恐龙，但主要存在的还是鸟脚亚目恐龙，例如，总是在低矮的植物中出没的禽龙和曼特尔龙。还出现了一种新的捕食者，那就是重爪龙（上图），它是一种鼻子很长的棘龙。

威尔德组岩层在伦敦以南（右图）。地质学家已经研究了几百年，最早的恐龙骨骼化石发现于19世纪20年代。自那以后，古生物学家找到了上千块植物、哺乳动物、鱼、蜥蜴、贝类，以及恐龙的化石。

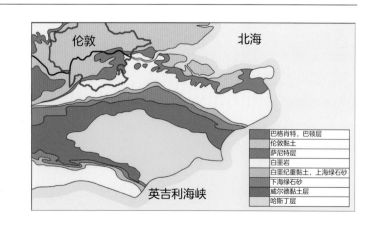

	巴格肖特，巴顿层
	伦敦黏土
	萨尼特层
	白垩岩
	白垩纪重黏土，上海绿石砂
	下海绿石砂
	威尔德黏土层
	哈斯丁层

威尔德植物化石

　　人们在威尔德岩石中发现了十多种不同的植物化石。河流和池塘旁的潮湿地区长有低矮的蕨类植物和木贼类植物，还有像苏铁、银杏和针叶树之类的丛生和树状植物。这种叶子化石（左图）被命名为腹羽叶。它是一种苏铁科植物，看起来像一个巨大的菠萝，它的顶部长着数十片叶状体。

威尔德足迹化石

　　威尔德化石包括足迹化石以及虾、贝类的洞穴化石。这只三趾恐龙的足迹可能是禽龙留下的，当时这只恐龙可能踩在了柔软的沙子上。

化石的发现

　　威尔德岩石分布在低洼沿海景观的河流和湖泊中。一些鱼类的体形很大，例如鳞齿鱼（左图）。这条鱼长达50厘米，长着一排排厚实的骨质鳞片，鳞片近似方形，排列规则。即使鳞齿鱼拥有这样的盔甲，重爪龙仍然能够捕食它。

禽龙

禽龙是第一种被命名的食草恐龙，从它的牙齿可以看出它是食草动物。

食肉恐龙的牙齿锋利，尖锐且弯曲，而禽龙的牙齿又钝又宽，脊很长。

猜猜看，它是用四肢行走还是用后腿行走？

吉迪恩·曼特尔

禽龙的发现者是吉迪恩·曼特尔（Gideon Mantell，1790—1852），他是萨塞克斯郡的一名医生，他在1825年发现了禽龙的牙齿和其他一些骨头。禽龙是第二种被命名的恐龙，第一种是斑龙。（见第48~49页）。

群居动物

19世纪70年代，人们在比利时的一个深煤矿中发现了30多块禽龙的骨骼化石。这些骨骼化石首次表明禽龙是栖食动物，群居，且通常是靠四肢行走的。

拇指尖

由于可供研究的骨头很少，曼特尔并不知道禽龙长什么样。他认为它是一只鼻子上长着角的巨型蜥蜴。19世纪70年代的进一步研究表明，这个"角"其实是拇指尖。

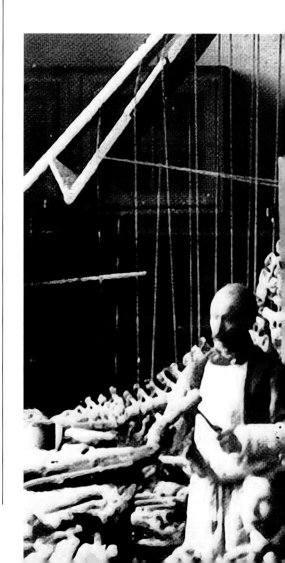

重塑禽龙

　　禽龙的骨架在比利时被发现之后，这些新的骨架被放在首都布鲁塞尔的自然历史博物馆中进行展览。每个骨架都被仔细地连接在一起，并固定在结实的金属框架上。然而，两脚站立的姿势并不对，科学家认为其庞大的前肢可以说明禽龙是靠四足行走的。

棱齿龙

威尔德（见第90页）常见的恐龙中有一种小型鸟脚亚目恐龙，长2.3米，被叫作棱齿龙。它于1869年被命名。我们发现了很多这种食草恐龙的骨骼。

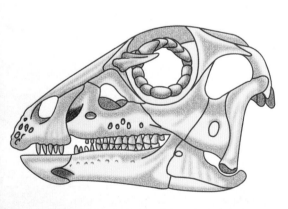

颌的解剖图

棱齿龙的鼻子很短，下颌上有一排排类似钉子的牙齿。靠近嘴前的位置有一组牙齿，用来咬断树叶和叶状体，后面的那排牙齿则用于咀嚼。颌的前部有喙，上颌长有齿尖，这在白垩纪的鸟臀目恐龙中很少见，因为它们长有喙，齿尖在那之前几乎消失了，很少有恐龙会长。

托马斯·亨利·赫胥黎
（Thomas Henry Huxley）

　　棱齿龙是由维多利亚时代的一位伟大的生物学家和古生物学家托马斯·亨利·赫胥黎（1825—1895）命名的。赫胥黎对动物以及动物化石非常感兴趣，他编写了很多受欢迎的书，向人们解释19世纪的科学新发现。他是支持达尔文进化论的科学家之一，并为建立现代生物学的基础做出了贡献。

在树上站着还是在地上奔跑？

　　古生物学家一直在争论棱齿龙是如何站立和奔跑的？一个早期的观点认为它是在树上栖息，这样它就可以够到高处的树叶。但是，这个观点很快被推翻，因为站在树上需要有可以抓住树枝的爪子，然而棱齿龙的脚根本无法抓紧树枝。因此，如果它站在树上，它会掉下来。实际上，棱齿龙能够在地面快速奔跑。

鸟脚亚目恐龙

鸟脚亚目恐龙，如禽龙和棱齿龙，在白垩纪是非常重要的代表动物。

这种恐龙最初出现在侏罗纪，它们一步步进化出了极为复杂的牙齿，可以对付各种不同的植物。

进化与适应

侏罗纪时，鸟脚亚目恐龙并不常见，即便在化石含量丰富的莫里森组岩层中，这种恐龙的化石也罕见。有些白垩纪的种群体形渐大且靠四肢行走，腕骨可以支撑爪部的压力。白垩纪鸟脚恐龙中的鸭嘴龙，进化出了用于展示的头冠。

体形大小

人类已知的早期鸟脚亚目恐龙大多是身长约1米的中小型吉迪恩曼特尔龙。然而，在白垩纪时期，有些鸟脚亚目恐龙的体形非常庞大。山东龙（左图）身长15米之多，仅仅是大腿骨长度就与人一样高。

山东龙的体重最高可达16吨。

腱龙

腱龙是禽龙在北美的近亲，生活在白垩纪早期，它有与体长不相配的尾巴，总体长达7米。

禽龙早期的重塑模型是蹲着的或呈"袋鼠"的姿势。

姿势

从早期的重塑模型来看，鸟脚亚目恐龙的身体是直立的，后腿是蜷起来的。现在很明显，它们保持直立，腿伸得更直，脊椎骨几乎是水平的，因此，鸟脚亚目恐龙身体的重量与尾巴的重量保持平衡。

无畏龙

无畏龙是一种非常奇特的鸟脚类动物。这种8米长的食草动物与禽龙有着密切的关系，它的背部和尾部也长着巨大的帆。人们在非洲尼日尔的沙漠地带发现了这种恐龙，并猜测它背上的帆可能是用来炫耀的工具。

禽龙的"手"和"拇指"

禽龙的"手"可以用来抓东西，也可以用来行走。它的中间三趾长着圆乎乎的尖，像小帽子，粗粗的手腕有利于支撑体重。向外的手指相对灵活，和锥形拇指不同。科学家们至今仍不知道指头成这样有什么用途。

有人认为它的拇指尖是一种武器，但这个想法很难证明。

中国辽宁省

过去十年里，中国东北的一个地区因为发现了白垩纪早期的化石而广为人知。

辽宁省的热河生物群及周边地区出土了一些令人惊叹的化石，其中包括长有羽毛的恐龙！

阿玛迪斯·格拉鲍（Amadeus Grabau）

格拉鲍（1870—1946），古生物学家，是第一批获准在中国工作的西方人之一。他发现了热河群的岩石和化石。

化石岩

热河生物群代表了几个富含化石的岩层中的生物，可追溯至白垩纪早期。许多化石都被迅速埋在了松软的沉积物中，得以精细地保存下来。

小盗龙化石（见第106~107页）

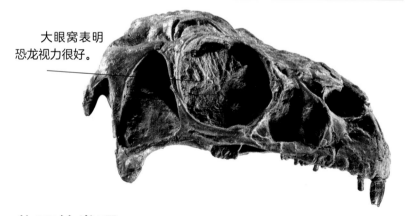

大眼窝表明恐龙视力很好。

化石的发现

该头骨长11厘米，属于兽脚亚目恐龙，其前齿像啮齿动物一样独特。名为切齿龙（见第103页），意为"门牙蜥蜴"，它是在辽西义县组的最低（最早）层发现的。

化石发掘

　　中国古生物学家从热河生物群挖出了成千上万的化石。一些化石在深矿中，工人沿着富含化石的岩石层把它们挖出来。在其他情况下，古生物学家会开一个像这样的采石场，然后逐层挖掘。

富含化石的土地

　　辽宁地势平缓，山丘绵延起伏，田野覆盖其上。当农民挖掘路石时，他们到处都能发现化石。

花儿盛放

开花植物的进化是最引人注意的事件之一。在白垩纪早期，世界范围内开始出现开花植物。到白垩纪末期，它们已经遍布整个世界。

化石的发现

最古老的花朵化石之一是出土于中国辽宁省白垩纪早期的古果属标本。这种花的化石是在之前发现的令人惊奇的鸟类化石（见第108～109页）和有羽毛的恐龙化石相同的岩石层中被发现的。但尚不清楚那些恐龙是否吃过这种植物。

花的解剖

白垩纪的新植物群有花类，这与蕨类、苏铁和针叶树等更古老的植物群不同。经过不断进化，花可以传播花粉，通过风或动物进行传播。花粉是由雄蕊产生的，储存在花中间的心皮上，精子向下传递使发育中的种子受精。种子成熟之后，花儿会凋谢，种子散落在地上，可能又有很多新植物生长出来。

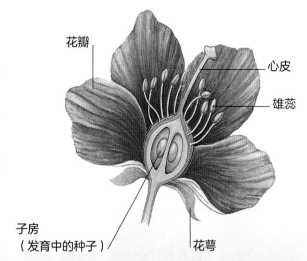

花瓣
心皮
雄蕊
子房
（发育中的种子）
花萼

陆地上的革命

当开花植物在一亿二千万年前出现的时候，它们小而稀有。但是它们的新的育种方式，包括开花和授粉，给它们带来了巨大的优势，例如，许多植物被食草动物吃掉也能生存下来，并长出新的植物。慢慢地，在白垩纪后期，开花植物越来越多。它们的传粉者是昆虫类，例如以叶子和种子为食的蜜蜂，蚂蚁和白蚁，以及以昆虫为食的动物。这场非凡的革命标志着现代陆地生态系统的开始。

长着羽毛的恐龙

中国热河的化石层让我们更加了解白垩纪早期的生命。在这里，人们发现了恐龙、鸟类和哺乳动物。

热河的岩石主要沉积在湖泊中（见第98~99页），使鸟类和恐龙的精致羽毛得以很好地保存。

中华龙鸟

这种小的兽脚亚目恐龙是首次发现的有羽毛的非鸟类恐龙。从残存的羽毛化石可以推断，中华龙鸟身体的上面是红棕色的，腹部灰白，尾巴上有带状花纹。

北票龙

北票龙是一种镰刀龙（见第128~129页），是兽脚亚目中的一种，它们形态怪异、以植物为食。北票龙中等体形，身长2.2米，长有两种羽毛，分别是短羽绒和长丝状羽毛，臂后羽毛最长可达10厘米。

帝龙

帝龙命名于2004年，在当时它被认定为一种原始的暴龙，是霸王龙的祖先。据推测其羽毛很短，平平无奇，很可能是为了保暖。脑部扫描显示，帝龙善于追踪移动的物体。

帝龙这个名字的意思是"帝王龙"，而且目前为止只发现了一种。

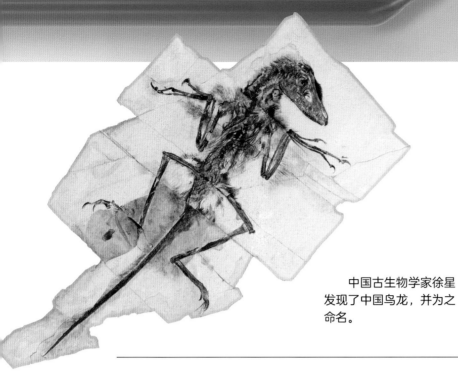

中国鸟龙

这是一种驰龙科的恐龙，驰龙科的恐龙还包括恐爪龙（见第112～113页），这可能是与鸟类最接近的恐龙了。中国鸟龙的臂翼上长着与鸟类相似的、长长的羽毛，不过它却无法飞行。它的这对羽翼有何功能尚不清楚。

中国古生物学家徐星发现了中国鸟龙，并为之命名。

鹦鹉嘴龙

科学家认为，鸟类及灭绝的兽脚类恐龙已进化出了羽毛。然而，图中这只热河似鸟恐龙尾尖的长翎毛说明，羽毛出现的时间可能更早，且范围更广。

切齿龙

在中国发现的化石总是让人觉得十分惊艳，妙不可言，但谁都没想到能发现这样一种长着大门牙，看起来傻傻的恐龙！切齿龙命名于2002年，是窃蛋龙的亲缘物种，是兽脚亚目恐龙的一员。它的牙齿并不锋利，所以这种样貌奇特的恐龙可能是食草动物。它可以用门牙咬断坚硬的植物茎干。

恐龙的外形

越来越多的发现表明，恐龙的皮肤柔软。化石中能看出凸凹不平的鳞状皮肤，多亏了现代的高科技手段，我们才能分析出恐龙的羽毛和皮肤的细节。

一些非常特殊的化石甚至保存了色素，有助于了解这种生物的颜色。可以发现，有的羽毛图案是用来伪装的，而有的羽毛图案则是用来炫耀的。

会反光的羽毛

小盗龙羽毛化石中保存的色素表明，它们的羽毛闪闪发光，反射光线以产生颜色。与现代鸟类的羽毛色素相比，小盗龙同椋鸟（左图）的羽毛有着相似之处，是它们用来炫耀的重要工具。

蜕皮

一项对皮肤碎片化石的研究发现，一些与鸟类关系密切的恐龙，包括北票龙（右图）和孔子鸟（见第108页），它们的皮肤呈小片脱落，而不是大块或整体脱落，这和现在的蛇非常相似。

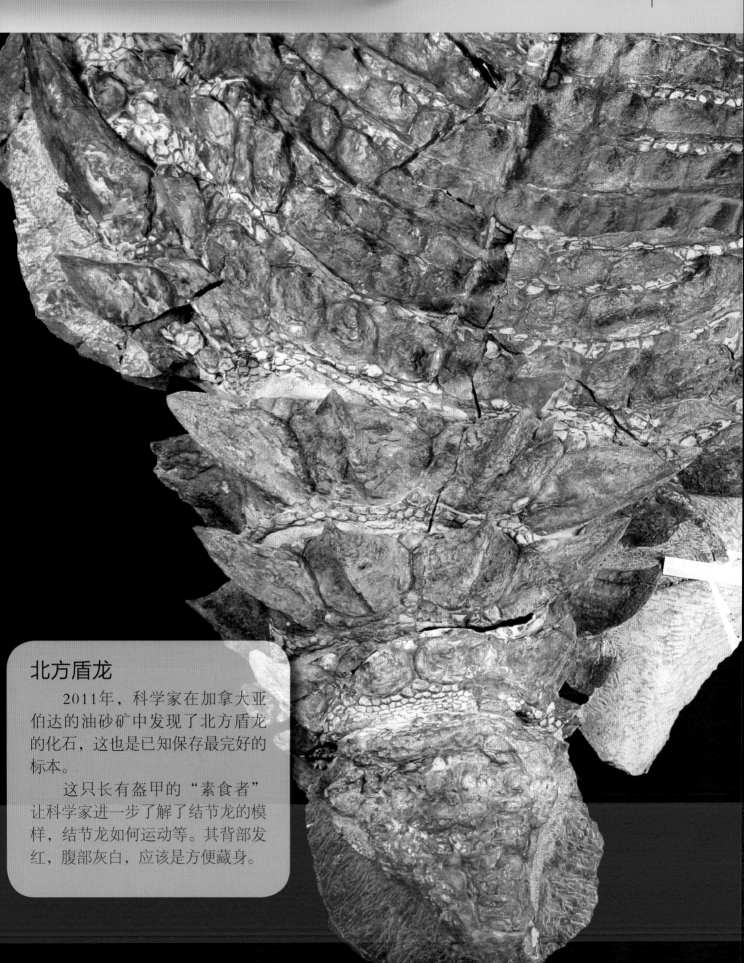

北方盾龙

　　2011年，科学家在加拿大亚伯达的油砂矿中发现了北方盾龙的化石，这也是已知保存最完好的标本。

　　这只长有盔甲的"素食者"让科学家进一步了解了结节龙的模样，结节龙如何运动等。其背部发红，腹部灰白，应该是方便藏身。

小盗龙

2000年，当古生物学家在讨论飞行和鸟类的起源时，一种来自中国的小盗龙亮相于世，令人难以置信。它的前肢和后肢都长有长长的羽毛。它能不能飞、如何活动值得我们深入研究。

化石发现

和热河生物群的多数化石一样，这些化石保存得也很好。有些还被命了名，尽管最新研究表明，所有化石都属于同一种动物，但从解剖学角度分析，其差异性还比较显著。这说明在同一种群内依然存在多样性。

邹晶梅

邹晶梅是飞行进化和恐龙-鸟类过渡方面的专家。她最近的一些研究探索了小盗龙的饮食和消化。她在一只小盗龙（右图）的胃里发现了一种新的蜥蜴，并参与了命名工作。这表明小盗龙不能像一些现代鸟类那样吐出未消化的食物残骸。

在森林中

有人认为小盗龙会争抢着爬上树干，然后从一棵树滑翔到另一棵树上，当它经过蜥蜴和蜻蜓时，会一口咬住它们。长期以来，生物学家一直在争论滑翔生物是否能成为飞行生物，而这块化石表明它们是可以的。滑翔生物保持在空中飞行时，只是张开翅膀，而飞行生物则要扇动翅膀。

中国的鸟类

直到近来，在最早的鸟——始祖鸟和白垩纪时期的鸟之间的化石记录还有一段很长的空白。

　　热河生物群的多样性填补了这一空白，因为有了新的鸟类化石，这表明当时的鸟类与现代鸟类之间有关联，且有助于我们发现某些行为特征的进化路径。

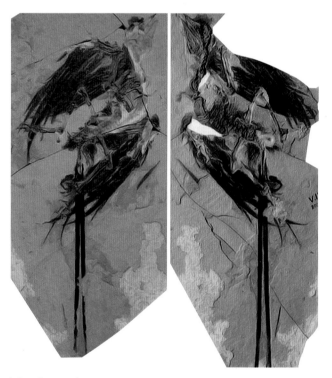

始孔子鸟

　　最古老的孔子鸟命名于2008年。原始标本（上图）是一块被一分为二的薄石板，它分别展示了鸟的两侧。标本中的这种鸟有两根长长的尾羽，翼羽有条纹图案，这也许反映了羽毛的不同颜色。

孔子鸟

　　它以中国伟大的哲学家孔子的名字命名，是白垩纪早期常见的鸟类之一，已报道过几百个完整的标本。雌性的尾巴短，而雄性（上图）的尾巴上有两根类似流苏的羽毛，可能是用来显摆给雌性看的。

长翼鸟

这种鸽子大小的鸟不同寻常，因为它有长长的喙，喙的顶端有一组小牙齿。长翼鸟可能是一种潜水鸟，它会猛冲进湖泊或河流中，一口咬住鱼或小虾。

会鸟

会鸟是一种中等体形的热河鸟，它通常栖息在树上。化石显示，其尾骨的一段残肢短小且多骨，就像现代鸟类一样。人们在一个会鸟标本的胃里发现了圆形的沙砾，可能是这只会鸟吞下去用来磨碎它吃下去的植物的。

热河鸟

这是当时最大的鸟，大约有火鸡那么大。它可能像火鸡和鸡一样，会在地上跑来跑去，只有在需要躲避捕食者的时候才会飞。尾巴上的羽毛很可能只有装饰作用。

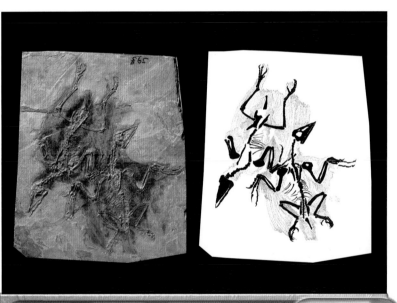

土壤证据

双化石湖的发现

热河鸟标本令人惊叹，自1995年以来，已经发现了数千只热河鸟化石。其中有的化石包含两个骨架，比如上方左图是两个孔子鸟的化石图，右图可以让我们看得更加清楚。

保存完好的细节方便科学家更好地了解它们。比如，近期的一项研究表明，孔子鸟太重，无法坐在鸟蛋上，和今天的鸟类完全不同。

鹦鹉嘴龙

鹦鹉嘴龙是常见的小型食草恐龙，是更有名的角龙类的远亲，比如三角龙。

和后来的角龙不同的是，鹦鹉嘴龙没有精致的褶皱，也没有细长的角，不过个别种群面部有角。

恐龙窝化石？

人们发现，20只小鹦鹉嘴龙的旁边还有一只更大的鹦鹉嘴龙，这说明这种恐龙有照顾幼小的习性。后来人们发现，较大的那只也只有5岁，而不到10岁的鹦鹉嘴龙根本无法哺育幼小。这么说来，化石中显示的这群食草动物到底在做什么呢？

再现恐龙窝

这一发现表明，不同年龄的小鹦鹉嘴龙之间会有协作，在危险的白垩纪早期，这种协作更有利于生存。

成长

鹦鹉嘴龙在成长过程中需要经历一种"姿态转变"。年幼的鹦鹉嘴龙用四肢奔跑,而随着年龄的增长,它们逐渐成为两足动物。通过研究鹦鹉嘴龙的肢体构成和大脑结构可以发现这种变化。

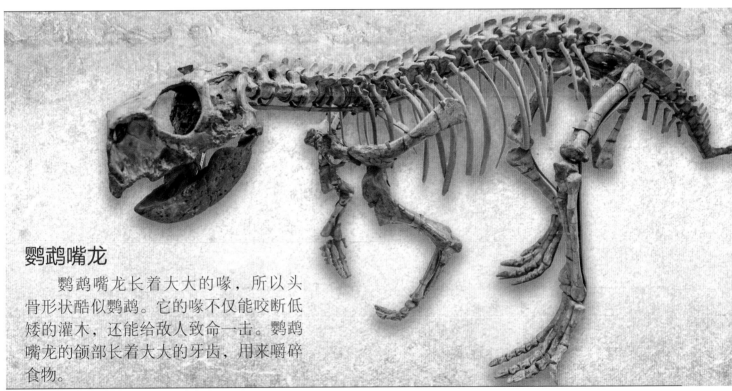

鹦鹉嘴龙

鹦鹉嘴龙长着大大的喙,所以头骨形状酷似鹦鹉。它的喙不仅能咬断低矮的灌木,还能给敌人致命一击。鹦鹉嘴龙的颌部长着大大的牙齿,用来嚼碎食物。

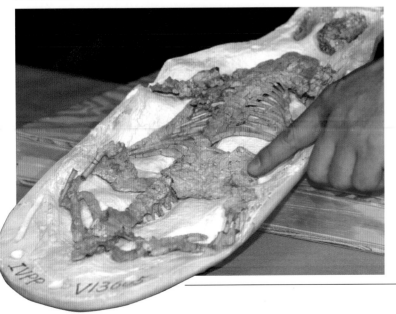

食物链底端

鹦鹉嘴龙的体形很小,需要通过自身的保护色来躲避捕食者。鹦鹉嘴龙的色素化石表明它背部为棕色,下腹部为灰白色,这是一种被称为"反荫蔽"的伪装类型。鹦鹉嘴龙幼崽很容易遭到攻击,人们曾在白垩纪的哺乳动物爬兽的腹腔化石内发现过这种幼崽。

克洛夫利组岩层

克洛夫利组岩层得益于冲积平原的有利环境，因而有大量的谷物化石及白垩纪早期的恐龙化石。

约翰·奥斯特罗姆（John Ostrom）和他的团队听说过克洛夫利组岩层中的恐龙化石，于是他们在此搭起了野外营地。1964年，他们发现了恐爪龙完整的骨架化石，恐爪龙是一种敏捷的兽脚类捕猎者。

恐爪龙

短短几年的时间里，奥斯特罗姆就发现了多个驰龙的个体，后来他将其命名为恐爪龙，或"恐怖的利爪"。1964年的发现展现了这种恐龙的整体形态。奥斯特罗姆能够非常详细地描述它那令人惊讶的解剖结构。

恐怖的利爪

恐爪龙和其他近亲一样，每只脚上都有很大的利爪，可以撑住身体，且可以翘起来。如有外力相撞，恐爪龙很容易跌倒。

恐爪龙后脚上的巨大利爪会向下用力，对猎物造成巨大的伤害。

恐爪龙与鸟类

奥斯特罗姆对恐爪龙的研究表明，驰龙类恐龙是鸟类的近亲。他的研究还表明，恐爪龙的每块骨头几乎都与最早的鸟类——始祖鸟（见第76～77页）的骨头一样。

集体狩猎

1995年，奥斯特罗姆报告了一处新的挖掘地，出土了一只腱龙（上图），旁边还有几只恐爪龙。他推测，这种聪明的猎食者是集体狩猎的。然而，这一行为太过复杂，兽脚类恐龙不太可能发生。对其脚部的分析表明，利爪可以抓取小型猎物，而非对付大型的食草动物。

大角盆地

北美的许多恐龙遗址都位于"荒地"之中，之所以这样称呼是因为这些"坏地"不适于农耕，也不利于人类居住。但这些开阔的、类似沙漠的地区对恐龙来说却是"好地"——古生物学家可以在迅速受到侵蚀的沟壑中发现恐龙骨头。怀俄明州的大角盆地直径130千米，其中包括克洛夫利组岩层。

约翰·奥斯特罗姆

耶鲁大学古生物学教授约翰·奥斯特罗姆（1928－2005）最早研究鸭嘴龙，然后开始对克洛夫利组岩层进行挖掘。他对恐爪龙的发现引发了现代古生物学思想的一场彻底革命。他证明了鸟类从恐龙进化而来，而且包括恐爪龙在内的许多恐龙都是温血动物。

非洲恐龙

在 过去的100年里，人们在北非发现了很多化石，非常震撼。很多化石都可以追溯到白垩纪早期——1.1亿年前。

无畏龙

这种鸭嘴禽龙曾成群地漫步在非洲西北部的沼泽平原上。无畏龙是一种草食动物，它的嘴部两侧长有成排的牙齿，用来咬碎和咀嚼植物。这些恐龙的背部有一个多刺的脊，这可能是用来吸收太阳热量的。

在所有蜥脚类恐龙中，尼日尔龙的牙齿数量是最多的。尼日尔龙有着数百颗可活动且可替换的牙齿，就像一个庞大的"牙齿电池"。

尼日尔龙

　　尼日尔龙是一种独特的蜥脚类恐龙，擅长嚼食低矮植物。它的嘴巴呈铲状，下颌向两侧延伸，方便它大口吞食植物。尼日尔龙身长约9米，脖颈较短，这意味着它无法触及高大的树冠，只能以低矮植物为食。

帝鳄

　　帝鳄是地球上鳄鱼的近亲，它非常庞大，重约2吨，身长约8米，它的头骨与成人身体一样大。它常在河岸出没，布满利齿的巨口里有132颗牙齿，用来啃食鱼类和更大的猎物，比如无畏龙。

有冠的棘龙

大多数恐龙或多或少地遍布于世界各地，但有一种恐龙主要生活在非洲——棘龙。这个"棘"是指它们背上的长刺。

棘龙最有可能出现在侏罗纪，人们对于棘龙的了解也仅限于其牙齿。白垩纪棘龙有些骨骼化石，可用于研究。

重爪龙

在英国发现了一具棘龙骨骼，这有助于古生物学家更好地了解这种恐龙。我们已经知悉，重爪龙的骨架十分完整，它的背部有刺，口鼻处很长，头骨像鳄鱼一样。它们的下颌看起来没有太大的杀伤力，所以这些恐龙可能以鱼为食。

似鳄龙

1998年，保罗·塞雷诺和他的团队在撒哈拉沙漠南部的尼日尔发现了这种"鳄鱼模仿者"。这只长达11米的非洲棘龙非常像重爪龙。它的头骨和鳄鱼的头骨几近相同。

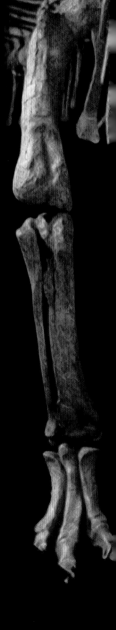

恩斯特·斯特莫

恩斯特·斯特莫（1870—1952）在埃及发现了第一块棘龙化石，并于1912年为其命名。他把这只恐龙和其他的许多恐龙化石带回了德国慕尼黑。不幸的是，保存化石的博物馆在1944年遭到轰炸，除了他的日记、出版的书稿以及关于棘龙的图纸外，其他所有的收藏都丢失了。

拼接恐龙骨架

　　保罗·塞雷诺对他的发现——似鳄龙——进行了最后的修整。这个新发现是关于棘龙解剖结构的一个典型例子。似鳄龙生前背部长有长长的棘，可能支撑着低矮的肉冠或背脊——棘龙类恐龙背上的棘要更长，肉冠要更高。

极地恐龙

白垩纪时期的南极和今天不同，有茂密的森林，还有种类丰富的动物群体。

在白垩纪时期，澳大利亚大陆更靠近南极。发现恐龙的南澳大利亚位于寒冷的高纬度地区。

恐龙湾

在澳大利亚南海岸的维多利亚州一地出土了许多恐龙骨骼，所以此地被称为"恐龙湾"。这里的岩石形成于白垩纪早期，距今约有1.06亿年，晚于中国热河的恐龙化石群（见第98～99页）和北美克洛夫利组岩层的恐龙化石群（见第112～113页）。

实地挖掘

恐龙湾的开发工作实属艰难。恐龙的骨头埋在坚硬的岩石中，必须钻洞取出，所以探险队要在悬崖上挖洞。甚至，他们不得不使用炸药。

雷利诺龙和似提姆龙在恐龙湾的湖边漫步。

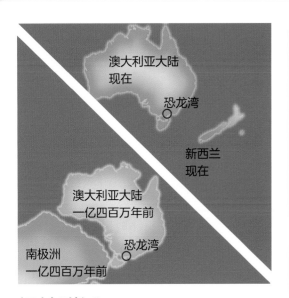

极地附近

这里的地质变化表明，在白垩纪，冈瓦纳古陆分裂时，澳大利亚大陆从南极洲分裂出来。当时，澳大利亚部分地区位于南极圈内，恐龙湾靠近南极。湖泊和河流在冬天会结冰。

似提姆龙

恐龙湾并没有很多大型食肉动物的化石。一些少量的似提姆龙腿骨化石表明，它可能属于暴龙家族——侏罗纪出现的一个种群。

雷利诺龙

这种小型棱齿恐龙被命名为"雷利诺"，"雷利诺"是恐龙发现者——汤姆和帕特里夏·威克斯-里奇女儿的名字。雷利诺龙不到1米长，以当地同时期发现的蕨类植物和苏铁植物为食。

阿特拉斯科普柯龙

这种小型的草食动物是英国棱齿龙（见第94～95页）的近亲。阿特拉斯科普柯龙身长2～3米，这也只是我们从一些头骨和骨骼的碎片中得知的，而它的模型是依据棱齿龙重建的。

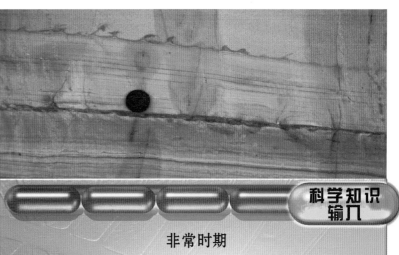

科学知识输入

非常时期

图中带状的泥土结构有一种"火焰结构"，因为其中比较潮湿的泥土在冬天会结冰，之后又会融化为液体。恐龙湾中的小恐龙会经历漫长的黑暗，饱受冬季低温的煎熬，也就是说，食物严重缺乏。据推测，有些体形小的恐龙生活在地洞里。

恐龙知识

恐龙时代有很多动植物，但是如今它们大多已灭绝。不过，现在还有许多生长在中生代时期的其他动植物为我们所熟知。

植物

苔藓 低矮的绿色苔藓覆盖着岩石和树木。

蕨类植物 蕨类植物的叶子布满黑暗的角角落落。

树蕨 恐龙喜欢吃树蕨，但树蕨现在已经不那么常见了。

针叶树 许多恐龙以原始松树的针叶和原始南美杉宽大的叶子为食。

开花植物 恐龙不吃草、卷心菜和花，但是吃最早的开花植物，如木兰和玫瑰，它们出现在白垩纪中期。

动物

蚯蚓 蚯蚓松土。

蜗牛 蛞蝓和蜗牛生活在枯叶中，以植物为食。

甲虫 臭虫、蟑螂和甲虫大多生活在树上和树叶下。

蚂蚁和白蚁 在白垩纪，开花植物进化之后，这些群居生活的昆虫出现了。

蜜蜂和黄蜂 这些采蜜者出现在白垩纪。

蝴蝶和飞蛾 这些昆虫以白垩纪花朵的花蜜为食。

鱼类 形态类似现代的鱼类，生活在海洋、河流和湖泊中。

青蛙和蝾螈 这些两栖动物出现在三叠纪，在白垩纪时期常见。

蜥蜴 最早的蜥蜴出现在侏罗纪，许多现代的蜥蜴种类在白垩纪就出现了。

蛇 最早的蛇出现在白垩纪。

龟类 从三叠纪晚期开始，龟类动物就会在池塘里游，在陆地上四处爬行。

鳄鱼 这种食鱼动物从侏罗纪开始就生活在池塘和海洋中。

鸟类 始祖鸟出现在侏罗纪晚期，而鸟类在白垩纪更加种类多样。

哺乳动物 在三叠纪出现了第一批哺乳动物，在白垩纪出现了一些现代类型的哺乳动物。

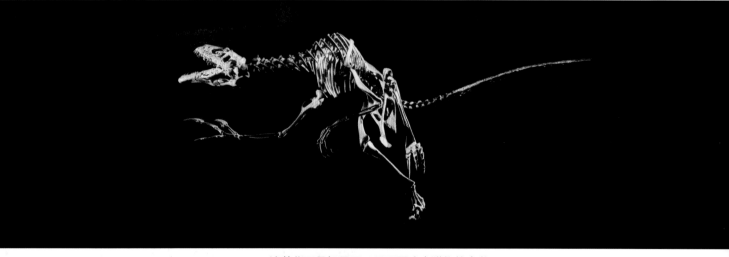

这尊化石骨架属于一只正要攻击猎物的奔龙

关于中生代生物的网站

www.fossilmuseum.net/Paleobiology/Mesozoic_Paleobiology.htm   大量的中生代化石。

物种的
演变与灭绝

　　早期的恐龙体形较小，和人类差不多大。它们依靠后肢行走奔跑，以蜥蜴类动物和昆虫为食。这些早期的恐龙与后期出现的体形更大的生物截然不同，因为在早期恐龙生活的世界里，已经有很多原始动物了，而它们最初的繁衍不过是机缘巧合而已。

蒙古国探险

2 0世纪20年代，恐龙化石首次在中国以北的蒙古国被发现，引起了轰动。

第一支探险队从纽约市出发，他们最初是去寻找早期人类化石。然而，却发现了大量的恐龙骨骼。

罗伊·查普曼·安德鲁斯

查普曼·安德鲁斯（1884—1960）当时受聘于美国自然历史博物馆，带领探险队前往蒙古国。彼时，他为博物馆收集标本，足迹遍布世界各地，这些地方包括中国，所以他早已适应了在沙漠中遇到的艰苦条件。

化石宝藏

蒙古国的探险队收获满满，其中有一些很有名的发现，比如鹦鹉嘴龙和原角龙，以及奇怪的兽脚龙——窃蛋龙。他们还发现了恐龙窝，这引起了不小的轰动。

戈壁沙漠的沙土不利于寻找恐龙。

迅猛龙

迅猛龙是1923年的另一项发现，它是一种非同一般的小型兽脚亚目恐龙。它名字的意思是"敏捷的猎手"。这种1米长的食肉动物现在被认为是恐爪龙的近亲（见第113页）。

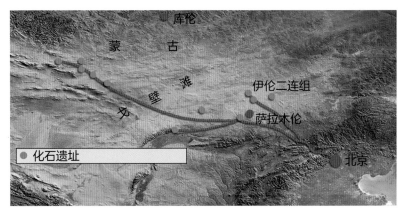

蒙古国

在白垩纪时期，蒙古国和现在一样，干旱、炎热，但有些地区寒冷，除了少量绿洲和短暂存在的溪流外，十分缺水。

迅猛龙的头骨

这块又窄又轻的头骨有锯齿状的小牙齿。迅猛龙可能先用腿将猎物扑倒，再用嘴撕咬。

1925年，科考队队员推着他们的车穿过沙滩。

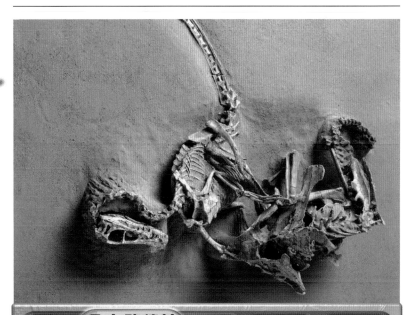

令人吃惊的真相

生死搏斗

上图中这组令人惊奇的化石发现于1971年，是一只幼年迅猛龙（左）攻击原角龙（右），原角龙用它喙状的嘴部咬住了迅猛龙的右爪。而迅猛龙的后爪扎在原角龙的腹部。古生物学家们一直在争论这种打斗场面是如何被保存下来的。这场恶战可能为一场沙暴所平息，两只恐龙瞬间毙命。

纳摩盖特组岩层

纳摩盖特组是25种恐龙的发源地，包括肿头龙类的平头龙，蜥脚类的纳摩盖吐龙和兽脚亚目的特暴龙。

美国科考队于20世纪20年代发现该地层，但它在20世纪50年代被苏联科考队彻底地发掘出来。苏联人用推土机挖掘出了巨大的兽脚亚目的特暴龙的骨骼（见第126~127页）。20世纪60年代，波兰的科考队发现了纳摩盖吐龙。

化石发现

照片中，一个蒙古国男孩得意扬扬地举着蜥脚类恐龙纳摩盖吐龙的大腿骨。许多来自蒙古国的化石都保存完好，完整无缺，就像这个标本一样。自1960年以来，有的古生物学家一直在蒙古国受训，他们与来自美国、日本和欧洲的各国同仁一起完成了大部分工作。

先用化石用纸或锡箔把化石骨骼包起来，这样做是为了保护它们。

石膏粉与水混合搅成膏状，抹在绷带上。

粗麻布制成的绷带涂过石膏后，放在骨头上抹平。

把包好的骨头晾干，然后翻过来。在木板上涂上石膏，涂到底部，以加固骨头。

挖掘骨骼化石

　　恐龙骨头看起来又大又硬，但实际上它们很脆弱。古生物学家很早开始就用石膏绷带来加固标本——这个过程就像医生包扎断腿一样。石膏在运输骨头的过程中起到保护作用。到实验室后去掉包扎的石膏，然后小心地从岩石中取出骨头。

纳摩盖特组岩层的考察

　　一列由11辆卡车组成的队伍穿过蒙古国的荒野平原，打算在纳摩盖特组岩层挖掘巨型恐龙。通常情况下，考察这样的偏远地区必须规模庞大——古生物学家必须携带所有设备，以及足够的食物、水和燃料，使得他们可以生存一个月或更长时间。

蒙古国的兽脚恐龙

不同探险队都披露，不同组岩层中有大量白垩纪晚期的兽脚恐龙。

其中一些是食草动物，而另一些则在食物链的顶端。

似鸡龙

有古生物学家认为，似鸡龙也许就是最大型的似鸟龙。似鸡龙属于少数无齿的兽脚亚目恐龙之一。它的尖嘴很锋利，用来噬咬猎物。人们一度认为似鸡龙是吃蛋的。

似鸟龙

似鸟龙长3米，几乎全身都有羽毛。它视力良好，头脑发达，这也许有助于它猎杀行动敏捷的蜥蜴和哺乳动物。

似鸟龙有长长的前爪，用来捕捉猎物。

特暴龙的头骨

这个头骨相对较宽，尤其后部，因而为下颌肌提供了足够的空间。

强健的后肢有巨大的三趾脚，用来压住猎物。

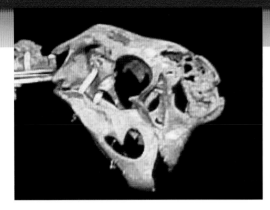

葬火龙的头骨

葬火龙是一种非常奇怪的兽脚亚目恐龙，它没有牙齿，鼻子又高又短。头骨非常轻，上边有巨大的开口，整个头骨依靠薄骨支撑。这种头骨特征使动物行动迅速敏捷。

葬火龙

20世纪20年代美国科学家去蒙古国科考，葬火龙化石是当时发现的恐龙化石之一。有几具标本被发现时还是坐在窝上的，令人震惊。

葬火龙全身可能
覆盖着羽毛。

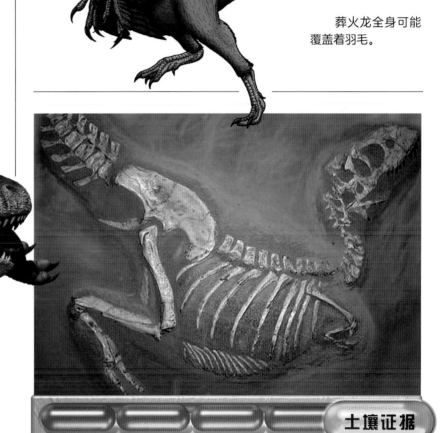

特暴龙

在20世纪50年代，首批特暴龙骨骼出土于纳摩盖特组岩层（见第124～125页）。这种恐龙是北美霸王龙的近亲（见第136～137页），但在头骨上有不同之处。

土壤证据

完美的化石

在20世纪50年代，特暴龙的骨架化石被发现时有其特别之处——它们几乎都是完整的。苏联的古生物学家们不得不开着大型卡车和推土机来到纳摩盖特，他们甚至使用炸药来加快提取恐龙骨架化石。这些化石通过卡车和火车运回苏联，现在可能会在莫斯科展出。

镰刀龙

镰刀龙是一种神秘的食草动物，其化石一开始让古生物学家十分不解。随着北半球新发现的增加，科学家对这一种群有了更多了解。

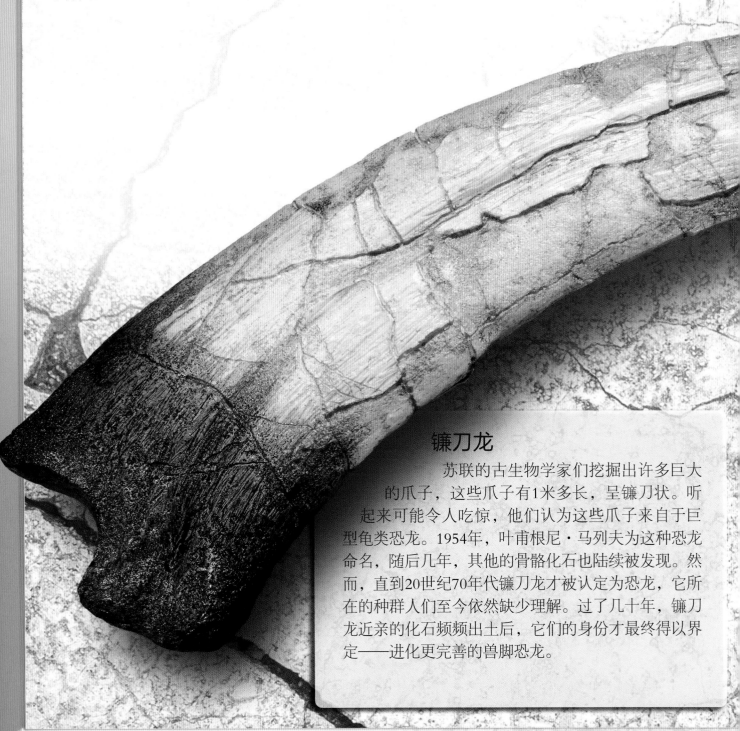

镰刀龙

　　苏联的古生物学家们挖掘出许多巨大的爪子，这些爪子有1米多长，呈镰刀状。听起来可能令人吃惊，他们认为这些爪子来自于巨型龟类恐龙。1954年，叶甫根尼·马列夫为这种恐龙命名，随后几年，其他的骨骼化石也陆续被发现。然而，直到20世纪70年代镰刀龙才被认定为恐龙，它所在的种群人们至今依然缺少理解。过了几十年，镰刀龙近亲的化石频频出土后，它们的身份才最终得以界定——进化更完善的兽脚恐龙。

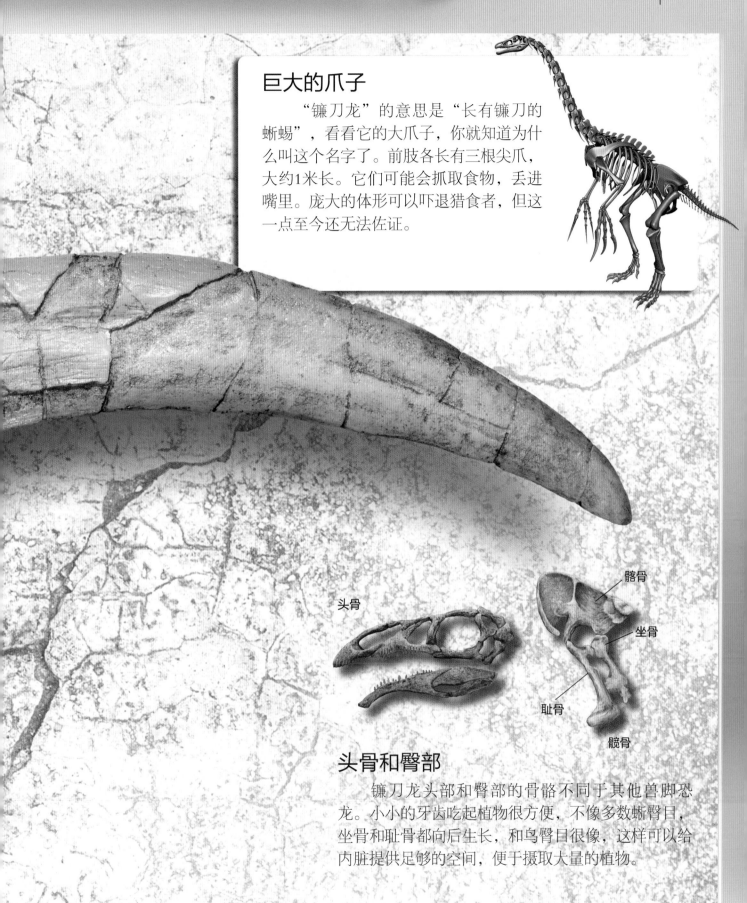

巨大的爪子

　　"镰刀龙"的意思是"长有镰刀的蜥蜴"，看看它的大爪子，你就知道为什么叫这个名字了。前肢各长有三根尖爪，大约1米长。它们可能会抓取食物，丢进嘴里。庞大的体形可以吓退猎食者，但这一点至今还无法佐证。

头骨

髂骨

坐骨

耻骨

髋骨

头骨和臀部

　　镰刀龙头部和臀部的骨骼不同于其他兽脚恐龙。小小的牙齿吃起植物很方便，不像多数蜥臀目，坐骨和耻骨都向后生长，和鸟臀目很像，这样可以给内脏提供足够的空间，便于摄取大量的植物。

鸭嘴龙

在白垩纪晚期，鸭嘴龙是非常常见的恐龙，也可以叫它们"鸭嘴恐龙"，它是禽龙（见第92～93页）等鸟脚亚目恐龙的近亲。

头冠的形状

鸭嘴龙以其头顶的冠而闻名，它的头冠有以下几种形状：

副栉龙的头冠长，呈管状，从头朝后背方向延伸过去，不过它头冠的末端并没有洞。

赖氏龙有一个盘状的圆形头冠，头冠的后方伸出一个尖柄、尖柄指向背部方向。

盔龙的头冠侧边平整，呈盘状，高度几乎是它头部高度的两倍。

有些鸭嘴龙，比如埃德蒙顿龙，它的羽冠非常小，或者有些鸭嘴龙根本没有头冠。

鸭嘴龙有了更进一步的进化，因为它们有一种高效的进食机制。白垩纪晚期有很多恐龙得以进化发展，它们显然是用视觉和听觉来识别配偶的。

身体结构

鸭嘴龙的骨骼结构大多相似，与其他鸟脚亚目恐龙非常相像。它们靠四肢行走，前肢用于分担一部分体重。有些鸭嘴龙还进化出了又大又醒目的头冠，其他一些则进化出了可发音的口鼻。

鸭嘴龙靠四肢行走，但时不时会两肢站立。

发声

古生物学家观察鸭嘴龙的头冠内部时，发现鸭嘴龙的鼻孔通向头冠。鸭嘴龙呼吸时，空气通过头冠内部发出飕飕声。不同的头冠形状会产生不同的鸣响声。

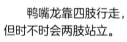

空气穿过头部到达鼻孔

空气会通过这儿流向肺部

群居

　　人们已经发现了大量的鸭嘴龙化石，有时在一个地点发现几十具骨架。这种"集群现象"表明鸭嘴龙是群居生活。大群的鸭嘴龙，甚至是不同种类的鸭嘴龙，可能会一起和平进食，正像现在非洲的羚羊群一样。

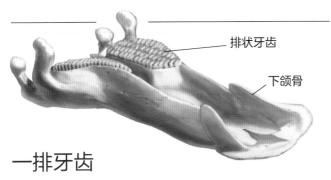

排状牙齿

下颌骨

一排牙齿

　　有些鸭嘴龙有2000颗牙齿，这些牙齿在口腔中分成几排！和其他脊椎动物不同，它们的牙齿从不脱落。牙齿形成宽大的研磨平台，可以磨碎食物，尽可能多地吸收营养。

孵化幼崽

　　现在已发现了一些鸭嘴龙蛋，其中还有尚未孵化的幼崽。孵化时，蛋大约重1千克，上图显示，在破壳之前，小恐龙已经占满整个蛋内空间，尾巴包裹着整个身体。小恐龙的头骨短，但眼睛很大。

罗马尼亚群岛

欧洲多地并没有发现白垩纪晚期的恐龙，因为当时很多地区都是海洋。

然而，在法国和西班牙南部的一些岛屿，以及东欧的部分岛屿，即现在的罗马尼亚地区，发现了一些非常奇怪的小恐龙。

哈提格地区

罗马尼亚的哈提格地区过去由岛屿组成。这个荒无人烟、森林茂密的城市有着奇特黑暗的城堡，也是吸血鬼德古拉故事的发生地，但该地区因存在着白垩纪晚期的恐龙化石而闻名。如今这个地区是恐龙地质公园。

马扎尔龙

这种蜥脚类恐龙于1932年得以命名，它的体长只有6米，与血缘相近的泰坦龙相比要短小一些，泰坦龙长12米，甚至更长。古生物学家认为马扎尔龙是一种"侏儒物种"——它比近亲的恐龙要小，因为它生活在岛上。

哈特兹哥翼龙

哈提格岛上最厉害的捕食者恐怕不是兽脚亚目恐龙，而是一种巨型翼龙。这种翼龙的翼展有10米多宽，与它的近亲相比，其颈部骨骼更为粗壮，头骨也更为宽大。这种巨型翼龙就像现在的鹳和犀鸟一样，会偷偷接近那些低矮的恐龙，然后捕食它们的幼崽。

凹齿龙

凹齿龙是一种不常见的禽龙，生存在晚期，与白垩纪早期的禽龙（见第92～93页）有亲缘关系。这种恐龙由于出自白垩纪晚期法国南部的岛屿而为人所知。这说明这些相当原始的恐龙能够在小岛上生存。

这张现在已经过时的巴拉乌尔照片显示了科学家们对它的看法。

巴伦·弗朗茨·诺普乔

弗朗茨·诺普乔（1877—1933）出生于罗马尼亚和匈牙利边界的一个贵族家庭。他在哈提格的家族庄园里发现了恐龙化石，并为其中的许多恐龙命名，认为它们是"岛上的侏儒恐龙"。

厚甲龙

最后一种哈提格恐龙是甲龙，甲龙身长可达2.5米。人们在欧洲的几个岛屿，还有罗马尼亚、奥地利和法国都发现了厚甲龙，它似乎更像白垩纪早期其他地方的甲龙。

下图这只小甲龙在吃低矮的植物。

阿根廷的发现

白垩纪晚期，阿根廷生活着多种多样的动物，其中有大型的蜥脚类恐龙，也有小型的兽脚类恐龙。大型猎食动物占据食物链顶端。

随着研究的深入，阿根廷成了研究、发现的热点，也让人们有机会更深入了解过去的生命形式。

萨尔塔龙的脖子细长，脑袋很小。

白垩纪晚期

白垩纪晚期的世界开始有点像现在的世界。南大西洋把南美洲和非洲隔开，古老的冈瓦纳大陆正在分裂，印度向亚洲移动，南极大陆和澳大利亚大陆开始分离。

每个骨甲都被许多较小的骨鳞包围着。

雷龙巢穴遗址

阿根廷出土了几千枚恐龙蛋，还有恐龙巢穴，甚至胚胎，让我们见识了恐龙的大型孵化场。这一地区名叫奥卡马湖沃，化石表明，一只雷龙反复前来，在地上一个浅碗状的坑里下蛋。雷龙很可能不怎么照顾幼小。

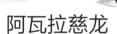

阿瓦拉慈龙

这种小型兽脚亚目恐龙是根据1991年发现的一具不完整的骨骼而命名的。阿瓦拉慈龙长约1米，体态纤细，重量很轻。又小又肥的前肢可能用于抓取土丘中的白蚁。

萨尔塔龙

在南美洲白垩纪晚期的生态系统中，蜥脚类恐龙雷龙仍是重要的食草动物。左图的萨尔塔龙有12米长，和它的近亲相比，算是体形小的。表皮有骨状鳞甲，其他雷龙也有这种鳞甲。年幼的恐龙可能只用来炫耀，成年恐龙则将其用于为产卵储能。

阿贝力龙

阿贝力龙是存活于白垩纪晚期阿根廷的一种大型食肉动物。它身长可达9米，大小与许多暴龙相似。但阿贝力龙属于另一种兽脚亚目恐龙，它们的头骨都相当高，眼睛上方通常有头冠，生存在印度和非洲的马达加斯加等地区。

暴龙

最可怕、最有名的恐龙是暴龙。重达7吨的霸王龙也是暴龙，它们体形庞大，是白垩纪晚期世界上的顶级掠食者。

霸王龙

霸王龙是体形最大的暴龙，身长13米，臀部4米高，重5~7吨。它和现代非洲公象一样大，但它只用两条腿就能承载这么大的重量。多年来，人们只见到一到两具完整的霸王龙骨骼，但最近的发现是在1990年，一个被称为"苏"的恐龙标本，这个标本2000年在美国芝加哥的菲尔德博物馆展出。

霸王龙正在追赶一群它曾经捕食过的鸭嘴龙。

弯曲的牙齿

霸王龙长着典型的兽脚亚目恐龙的身形，但它和其他兽脚亚目恐龙又有许多不同之处。比如，霸王龙的牙齿（右图）更为粗壮，能帮它们咬碎骨头，而其他兽脚亚目恐龙的牙齿更像细长的匕首。此外，霸王龙口鼻部的骨骼进行了融合，能够缓解咬合硬物时产生的压力。

亚洲暴龙

　　有证据表明，暴龙是从亚洲"移民"而来的，跨过了连接亚洲和阿拉斯加的古代陆桥。不过，这一论断还需进一步印证。它和亚洲暴龙是近亲。

三角龙

角龙是白垩纪晚期的食草恐龙。它们的脑袋巨大，上边长着尖刺和角，还有巨大的褶皱。

三角龙是最有名的一种角龙，是恐龙世界结束前最后出现的一种恐龙。

说明

角龙的头骨结构是为了吸引异性。

三角龙有宽的褶叶，鼻子上有一个角，每个眼窝上也各有一个角。

开角龙也有三个角，也有褶叶结构，不过它的褶叶呈方形，围在颈部。

尖角龙有一个巨大的鼻角，在褶叶的后缘长着一些小角。

厚鼻龙的褶叶上有尖角，鼻子上也有一个钝角。

打斗的武器

三角龙长了三只角，可能主要为了打斗。化石显示，打斗时，三角龙的角可能会纠缠在一起，打斗或许是为了争配偶。

孤独吗？

其他角龙可能是群居动物，但三角龙喜欢独居，它们是孤独的食草动物。然而，人们发现了三只三角龙在一起的化石，这说明三角龙也没那么"孤僻"。

坚硬的褶皱

颈边的褶皱是延长的骨骼，位于头骨后部。三角龙的前三节脊椎骨主要用于头部发力。

像大象一样的体格

三角龙身长8米，重9吨，绝对是个大块头。这种恐龙和鸭嘴龙很像，口中有多排牙齿，用于嚼碎植物，还有像鹦鹉的喙。

最后的恐龙

人们一度认为恐龙在白垩纪末期慢慢走向灭绝。

然而，恐龙的种类一直到最后灭绝时都是丰富多样的。没有迹象表明它们当时即将灭绝，这说明它们可能是被某种不寻常的东西毁灭的。

埃德蒙顿龙

许多鸭嘴龙生活在白垩纪末期，两种埃德蒙顿龙便在其中。埃德蒙顿龙长13米，是一种十分庞大的鸭嘴龙，因其在加拿大而得名(它以阿尔伯塔省首府埃德蒙顿命名)。一些标本甚至保留了皮肤上的印记和肠道内的残存物——即它赖以生存的蕨类植物和针叶树的针叶。

黑尔溪

黑尔溪地层是白垩纪晚期十分著名的岩石单位之一，恐龙化石就是在这一岩层出现的。它横跨美国几个州——北达科他州、南达科他州、蒙大拿州、科罗拉多州和怀俄明州。这些岩石在白垩纪末期沉积在古河流中。

厚头龙

　　厚头龙是三角龙的近亲，体形中等，头部长着一个约25厘米厚的圆顶状物。这只厚头龙的头骨有伤，说明它在争夺食物时，曾用头部圆顶与其他动物进行打斗。

甲龙

　　甲龙是一种非常著名的装甲恐龙，它身长7米，甚至更长一些，尾巴上长着一根巨大的骨锤。它的整个身体包裹在由骨块组成的装甲板网状内，甚至眼睑上还有骨刺用来保护眼睛！

似鸵龙

　　似鸵龙是一种食肉恐龙，跑得很快，与蒙古国的似鸡龙（见第126页）有亲缘关系。它有4米多长，可能跑起来像鸵鸟。它必须躲避以它为食的捕食者，又要捕捉它的猎物——快速奔跑的蜥蜴和哺乳动物。

土壤证据

白垩纪与第三纪界限层

　　黑尔溪组岩层的岩石和同年代的其他岩石之间有一条界线。这条线标志着最后一只恐龙的灭绝。而其他动物群体，如龟、青蛙、蜥蜴、蛇、乌龟、鳄鱼、鸟和哺乳动物，越过了这条界线，它们就继续生存了下去。这条线的下方是白垩纪，上方是第三纪，缩写字母KT的意思是白垩纪—第三纪（科学家们用"K"来表示白垩纪，因为"C"已用来表示更古老的石炭纪）。

撞击!

多年来，科学家们一直在争论6600万年前恐龙的灭绝。海洋爬行动物、翼龙、菊石、箭石和许多其他生物都在同一时间灭绝。许多理论经过测验后已被否定。目前比较流行的理论是，地球被一颗巨大的小行星击中，大量证据表明了其合理性。

世界是如何改变的

在巨大的撞击力的作用下，小行星立刻陨灭，碎石四溅，因撞击产生的高温使周围的所有生命瞬间化为气体。森林燃起熊熊大火。浅海形成了巨大的海啸，激起数百米高的海浪，彻底摧毁了地势较低的地区。热浪还向大气层释放了大量尘埃和化学物质，遮天蔽日，地球食物链彻底瓦解。

①大块的岩石和碎片在冲击力的作用下飞入空中。　②海啸袭击海岸，翻动着海滩上的岩石。　③股热冲击波穿过空气，引起火灾。　④细尘从高空大气层落下。

陨石撞击

　　这颗陨石的直径至少有16千米，其爆炸威力起码是有史以来最大原子弹爆炸威力的200万倍。它击中地壳深处，形成了一个巨大的火山口。撞击力让陨石变成了尘埃，而这些尘埃和数百万吨的岩石一起被抛出了陨石坑。

撞击地点
⊙

希克苏鲁伯陨石坑

　　更十150千米宽的陨石坑于1990年在墨西哥的尤卡坦地区被发现，后将这一地区命名为希克苏鲁伯城。在陨石坑的钻探让人发现了坑内有一层杂乱的岩石，表明这里曾有海啸发生。受到冲击的石英和熔岩见证了当时的冲击力之大。

恐龙灭绝之后

恐龙灭绝的时候，这个世界看起来一定是空寂的。它们庞大的身躯、争食猎捕的喧嚣和混乱以及散发的气味都随之消失。但生命还在继续繁衍。

许多动物在K-Pg（白垩纪-古近纪）大灭绝中幸存下来——昆虫、鱼、青蛙、蜥蜴、蛇、乌龟、鳄鱼、鸟和哺乳动物，尤其是哺乳动物开始在全世界繁衍生息。

羽齿兽

羽齿兽属于哺乳动物，曾与恐龙一起生活，不过它们在大灭绝中幸存了下来。羽齿兽住在树上，它们能劈开坚硬的树叶，甚至是木头，为自己啃出一条路。

古新世

古新世（6.6千万年前—5.6千万年前）是第三纪的第一个世。哺乳动物开始繁荣发展，幸存的恐龙、鸟类演化出了新的形式和生活方式。和中生代相比，古新世时，气候开始变冷。

哺乳动物

哺乳动物有毛发，有大脑，它们用乳汁喂养幼崽。现在的哺乳动物包括人类、猴子、猪、狗、猫、老鼠、蝙蝠和鲸鱼等。它们之所以能够成功生存下来，是因为它们能适应多种生存环境。

古中兽

这种1米长的哺乳动物可能以植物、昆虫和小型哺乳动物为食。它很可能依赖嗅觉而非听觉生存，听觉很可能相当于现代食蚁兽。古中兽可能和现代有蹄动物有关联，只是目前研究人员还不确定。

更猴

这种像松鼠的小型哺乳动物出现在古新世晚期，可能与现在的灵长类有关联，比如猴和猿。从其骨骼结构推断，他可能很擅长攀爬。

白垩窃兽

许多不常见的哺乳动物从白垩纪时期得以存活下来，包括这种克莫土兽类动物，这种树栖动物以昆虫为食，牙齿尖利。克莫土兽类动物并没有存活延续太长时间。不过，它们可能与现代一些以昆虫或动物为食的哺乳动物有远亲关系。

中新世和人类起源

中新世是人类进化的关键时期。非洲的大森林里到处都是猿猴。到了1500万年前，气候变得更为寒冷、干燥，树木变得更小。一些猿类，也就是我们的祖先，历经险阻来到草原上，开始直立行走。最古老的人类化石有700万年至800万年的历史，南方古猿（下图）生活在400万年前到100万年前。现代人类大约于20万年前出现在非洲。

恐龙知识

自从恐龙消失之后，世界发生了很大的变化。大多数现代鸟类和哺乳动物，包括人类，都是在过去的6500万年里出现的。以下是恐龙时代之后一些进化的关键节点。

6600万年前古新世开始；第一批灵长类动物出现，包括猴子、猿和人类等哺乳动物依次出现。

6000万年前至5400万年前，第一批啮齿动物和蝙蝠出现。

5500万年前，第一批猴子、马出现。

5000万年前至3500万年前，第一批大象、猪、鲸鱼、鸣禽出现。

4000万年前，被子植物进化为草，草原开始蔓延。

3500万年前，澳大利亚大陆和南美洲大陆从南极大陆分离出来；第一种剑齿虎——中剑齿虎，出现在非洲和土耳其。

3500万年前，有史以来最大的陆生哺乳动物出现了，即巨犀，一种高约7.5米的巨型犀牛。

600万年前，人类史上最早的人科动物，乍得沙赫人和图根原人在非洲出现。

480万年前，猛犸象在北美、欧洲和亚洲出现。

300万年前，南美大陆与北美大陆在巴拿马连接起来，两地的哺乳动物混交。

250万年前，更新世开始，此时是大冰川期，冰川覆盖了地球陆地表面的四分之一；长毛的犀牛在欧洲、北非和亚洲出现。

180万年前，第一个有大脑的人——直立人在非洲出身。

30万年前，和我们现代人属于同一物种的智人首次在非洲出现。

10万年前，第一批现代人在亚洲和欧洲出现。

3.2万年，前已知最古老的洞穴壁画是在法国南部绘制的。

1.8万年前，全球变暖开始，冰川开始消退，海平面开始上升。

1.17万年前，更新世结束，全新世开始（至今）；第一批人类出现在美洲。

霸王龙骨骼化石，出土于美国南达科他州的黑尔溪组

关于中生代时期生物的网站

www.enchantedlearning.com/subjects/mammals/Evolution.shtml　　这个网站有关于早期哺乳动物的知识。

词汇表

阿贝力龙：一种大型兽脚亚目恐龙，一般生活在南半球。

适应：动物或植物为了适应不同的环境而世代变化的一种方式。

菊石：一种盘绕的、有壳的海洋生物，与现代的章鱼和乌贼有亲缘关系。

身体构造：动物身体的内部结构——骨骼、肌肉、感观等。

祖先：动物后代所承袭的亲属。

甲龙：一种食草的装甲恐龙。

初龙亚纲：包括恐龙、鳄鱼、鸟类及其祖先在内的一大群动物。

鸟纲：鸟类的拉丁文名字。

箭石：一种带有内壳的海洋生物，与现代乌贼有亲缘关系。

生物地层学：利用化石来确定岩石的年代。

繁殖：繁衍后代。

保护色：颜色、斑纹或身体形状可以帮助动物融入背景环境中。

石炭纪：地质时期（3.59亿年前—2.29亿年前）出现大规模的煤炭森林，这一时期早期的两栖动物和爬行动物得以进化。

卡尼期：三叠纪晚期的地质阶段（2.37亿年前—2.27亿年前），是恐龙进化的时期。

新生代：6600万年前至今，非鸟类恐龙出现之后。

角龙：头上有角的食草恐龙。多数颈部有褶皱。

克莫土兽类动物：一种以昆虫为食的小型哺乳动物，生活在白垩纪晚期。

虚骨龙次亚目：一群兽脚亚目食肉恐龙，进化出了霸王龙、驰龙及现代鸟类。

美颌龙：一种小型食肉恐龙，生活在侏罗纪晚期和白垩纪早期。

孔子鸟：中国的一种早期鸟类。

针叶树：有球果的树，如松树、云杉。

大陆漂移：数百万年来的大陆板块运动。

冠：在头顶或沿着背部长出羽脊或一列羽毛。

白垩纪：1.45亿年前—6.5千万年前的地质时期。

鳄目：鳄鱼和短吻鳄以及它们的祖先。

苏铁：一种具有蕨类复叶和大球果的热带植物。

二齿兽：一种像哺乳动物一样的爬行动物，以植物为食，生活在二叠纪和三叠纪时期。

消化：在体内分解食物以便被吸收。

恐龙类动物：恐龙的正式名称。

驰龙：一种小型食肉恐龙，是鸟类的近亲。

生态系统：由植物、动物及其环境构成的一个独立的圈子，如沙漠。

进化：一个物种的组成基因经过几代逐渐变化的过程。

灭绝：一个物种的消亡。

大灭绝：很多物种同时灭绝。

动物群：一起生活在某个特定地方的动物。

纤维：植物中的坚韧组织。

岩层：特定地区在特定年代形成的岩石单位。

化石：通常在岩石中发现的古老的动物或植物的遗骸、踪迹或印记。

地质学：研究岩石和矿物的科学。

银杏树：一种与针叶树有亲缘关系的树，如中国的白果树。

全球变暖：地球上的空气和海洋温度增高，引起全球气候变化。

冈瓦纳古陆：史前的南部大陆，由现在的非洲、南美洲、南极洲、澳大利亚和印度组成。

鸭嘴龙：一种食草恐龙，长着与鸭子相似的喙，通常有头冠。

食草动物：以植物为食的动物。

鱼龙：一种看起来像鲨鱼或海豚的海洋爬行动物。

禽龙：白垩纪早期的一种食草恐龙。

侏罗纪：公元前2亿年到公元前2.45亿年的地质时期。

劳亚古陆：史前的北部大陆，由现在的北美洲、欧洲和亚洲组成。

岩浆：地壳深处炽热熔化的岩石。

哺乳动物：长有毛发并能为幼崽产奶的动物。

手盗龙：一群食肉恐龙，包括鸟类和它们亲缘最近的恐龙亲族。

膜：动物体内的一层薄组织。

中生代：地质时代（2.52亿年前—6.6千万年前），包括三叠纪、侏罗纪和白垩纪。

迁徙：从世界的一个地方迁移到另一个地方去寻找食物或温暖的天气，或者是去繁衍后代。

中新世：2300万年前到500万年前的地质时期，当时大型哺乳动物统治着地球。

诺利期：三叠纪晚期（2.15亿年前至2.03亿年前）的地质阶段，原蜥脚类恐龙生活在这一时期。

鸟臀目：主要的恐龙种群，包括鸟脚类、角龙类、甲龙类和剑龙类。

鸟臀目恐龙：一种食草恐龙，属于鸟臀目。

似鸟龙："鸵鸟恐龙"，是一种肉食动物，脖子和四肢都长。

鸟脚亚龙：一种四足的食草恐龙。

古生物学家：研究化石的科学家。

古新世：从6600万年前到5600万年前的地质时期跨度，这一时期正好在恐龙灭绝之后。

盘古大陆：二叠纪和三叠纪期间的超级大陆。

板块构造学：研究地球深处驱动大陆板块缓慢运动的过程。

蛇颈龙：一种长颈的海洋爬行动物，用宽宽的鳍脚游动。

上龙：一种脑袋很大、脖子很短的蛇颈龙。

传粉：将雄蕊花粉转移到雌蕊上使雌花受精。

食肉动物：以肉为食的动物。

猎物：被另一种动物猎杀并吃掉的动物。

灵长类动物：猴子或猿。

原蜥蜴：蜥脚类动物的长颈祖先，生活在三叠纪晚期和侏罗纪早期。

翼龙：生活在侏罗纪和白垩纪时期的一种会飞的爬行动物。

爬行动物：乌龟、鳄鱼、蜥蜴、蛇或恐龙。

喙头龙：一种三叠纪时期的食草动物，口鼻处呈钩状。

蜥龙类：主要的恐龙类群包括长颈蜥脚亚目恐龙和食肉兽脚亚目恐龙。

蜥脚类恐龙：一种大型的长颈食草恐龙。

蜥脚亚目类恐龙：原蜥脚类恐龙和蜥脚类恐龙。

沉积物：可以变成岩石的泥或沙——泥岩和砂岩。

种子蕨类植物：一种古老的植物，叶子像蕨类植物，有些叶子跟树一样大。

物种：具有共同特征的一组动植物。

化石标本：骨头或骨架的化石。

棘龙：一种大型食肉恐龙，背部有帆状的背脊。

剑龙：一种食草恐龙，它的后背上长了一排甲板。

地层学：地质学的一个分支——测定岩石年代的学科。

硬骨鱼：一种常见的有骨的鱼，例如鲑鱼或金鱼。

陆生：生活在地球的地上或地下。

第三纪：6500万年前到200万年前的地质时期，这一时期是在恐龙灭绝之后。

镰刀龙：一种奇怪的兽脚亚目恐龙，以草为食，生活在白垩纪时期。

兽脚亚目恐龙：进化出现代鸟类的蜥臀目恐龙。

泰坦巨龙：一种巨大的蜥脚类恐龙，典型的南部大陆动物。

树蕨：一种具有蕨类叶子的原始树群。

三叠纪：地质年代跨度为2.52亿年前到2.01亿年前。

伤齿龙：一种体形细长的食肉恐龙，与鸟类为近亲关系。

暴龙：侏罗纪中期到白垩纪晚期的一种大型食肉恐龙。

霸王龙科：出现在白垩纪晚期的更先进的暴龙。

脊椎骨：组成脊柱的骨头。